今村 薫 編

ラクダ、苛烈な自然で人と生きる

進化、生態、共生

風響社

トゥアレグ型の鞍にのり、足でラクダの首を操作する騎乗者
（マリ、撮影：今村薫、1章・写真 17）

水場のラクダ（アルジェリア、撮影：今村薫、1章関連写真）

雪原でソリを引くフタコブラクダ（カザフスタン、撮影：今村薫、1章・写真10）

ラクダ、苛烈な自然で人と生きる

アルマド儀礼　家長たちは一列に並び、祝福と共に交互にヨーグルトを飲む。ヨーグルトは各戸から届けられ、家長の象徴である杖の手前に並べられている（上）。娘たちはラクダ囲いの出入口に座り、母親が祝福と共にラクダのミルクを頭にかける（下）（ケニア、撮影：曽我亨、2章・写真 10、11）

調教中にラクダに乗る様子（内モンゴル自治区アラシャー盟、撮影：ソロンガ、7章・写真5）

次頁：
荷物を積んで出発する（モンゴル国バヤン・ウルギー県、撮影：今村薫、9章・写真2）
チュダを紡ぐ（モンゴル国バヤン・ウルギー県ボルガン郡、撮影：廣田千恵子、8章・写真2）
敷物スルマックをチュダ・ジップで縫う（モンゴル国バヤン・ウルギー県サグサイ郡、撮影：廣田千恵子、8章・写真5）

ラクダ、苛烈な自然で人と生きる

メフメト・ホジャの鞍と名前を書いた刺繍布（トルコ、撮影：今村薫、10章・写真5）

ラクダ、苛烈な自然で人と生きる

雨季の花とラクダ（カザフスタン、撮影：星野仏方、11 章関連写真）

はじめに

　ラクダという動物は不思議で知れば知るほどおもしろい生き物である。古代的なフォルム、夢みるような大きな瞳、大きなコブを屹立させた佇まい、正座して座る後ろ姿、あのコブには水がたくさん入っているという伝説。ラクダは宇宙から地球に降り立った地球外生物のようだ。そのラクダに、人間はいったいいつ出会い、ラクダと運命をともにして生きていくようになったのか。

　ラクダは、肉、乳、毛、皮、糞だけでなく、そのパワーを人間は大いに利用した。東西文明の長距離交易を達成できたのは、「砂漠の船」といわれるラクダあってのことである。また、モンゴル帝国の拡張以前から、中東やトルコ、ヨーロッパでラクダは軍事に使われてきた。さらに、愛するラクダの力自慢をしたい人々が、ラクダに相撲をとらせてともに楽しむようにもなった。

　近年は、モータリゼーションの発達により運搬の場は限られてきたが、依然、肉用としてアフリカでは飼育頭数が増えている。また、中東や中央アジア、中国ではラクダ乳の免疫増強効果が注目されている。気候変動による地球の砂漠化が進むと、乾燥に強いラクダは最後の救世主になるかもしれない。

　以上のような、ラクダの生物としての可能性と、現代社会における「人―ラクダ関係」をとことん探求してみたい。

　本書は、4部構成の11章からなる。第1章では、ラクダ科動物の起源と進化、そして、そのラクダの人間からの利用について解説する。ラクダの先祖は、約4500万年前に北アメリカ大陸で小さなウサギくらいの大きさの動物として誕生した。その後、時を経て、旧大陸ではフタコブラクダとヒトコブラクダという2種の家畜ラクダになり、新大陸ではラマ、アルパカとして人間と出会い、人間と生きてきた。また、野生のラクダ科動物も旧大陸に1種、新大陸には2種生息している。

　第2章では、ラクダを生活の中心におく東アフリカのラクダ牧畜民の生活が描かれる。ケニヤに暮らすガブラの人々は、ヒトコブラクダの肉、ミルクだけでなく血さえも食す。ラクダは食糧だけなく、呪物でもあり、さまざまな儀礼

に用いられるのでガブラの人生のステージを彩る存在である。さらにラクダの貸し借りを通じて人々の社会関係も形成される。ガブラの人生のすべてがラクダと共にあり、これを著者は「ラクダの影に生きる」と表現する。

第3章では、中国内モンゴル自治区におけるラクダ牧畜の今を解説する。中国で暮らすモンゴル人たちは、伝統的なラクダ牧畜、人民公社による家畜の共有化を経て、政策の強い影響を受けつつも、個人で家畜を所有する時代に移行した。現在は、観光客向けラクダ騎乗体験とラクダミルクの商品化の波に乗り、この地域ではラクダの頭数が増加している。また、中国の隣国であるモンゴル国から、ラクダ飼いのプロフェッショナルとしてモンゴル人（モンゴル国籍）たちが出稼ぎにやってきているという。

第4章では紛失ラクダを探すために、人々がどのようにしてラクダに印をつけ、ラクダの形態を識別するのかを説明する。第2章でアフリカのヒトコブラクダの探索に人々がいかに苦労しているのかの描写があるが、中国内モンゴル自治区のフタコブラクダも同様に、しばしば紛失する。これは、ラクダが完全に人間の支配下にあるのではなく、厳しい環境下でも自分で餌を見つけられるよう、ある程度の行動の自由をラクダに与えているからなのである。サハラ砂漠のラクダ遊牧民トゥアレグもラクダ探索のために、まず自分のラクダの足跡を覚えろといわれる。このような「難儀な家畜（第2章）」であるラクダを紛失（迷子と逃走の両方）から防ぐために、モンゴルの牧畜民はどのような工夫を行っているのか、また、どのようにして探索するのかについて具体的に述べる。

第5章、第6章では、生物としてのラクダの特性に注目する。

第5章では、モンゴルの牧畜民がラクダを性別・年齢などによって大きく分類し、さらに、個体ごとの毛色、コブの形、体格の特徴、足跡の形などを細かく記憶した名称でラクダを呼ぶことを説明する。これらの分類に加え、牧夫はラクダの行動の癖や性質をよく観察して、一頭一頭のラクダを十分に理解しており、これが、ラクダ捜索（第4章）のときに役立つのである。

第6章では、さらに専門的にラクダの生物学的特徴について解説する。ラクダ科動物は、種と種の垣根が低い、つまり種を超えて何代も混血できるという特徴があるという。ヒトコブラクダとフタコブラクダの分布が重なる中央アジア諸国で、どのように2種のラクダの遺伝子が混ざり合っているのかを論じる。東のモンゴル・中国を代表するフタコブラクダ、西のイスラム諸国を代表するヒトコブラクダが、人間に連れられてはるか故郷を離れて移動し、中間地点で2種が出会い、交配した結果が現在のラクダの分布の姿である。

　次の第7章、第8章、第9章、第10章では、現代社会におけるラクダ利用の方法を俯瞰的に見る。

　第7章では、ラクダの調教に焦点を合わせる。ラクダ、ウマといった大型家畜は、屠畜して肉を食べるだけでなく、これらに騎乗したり車を曳かせたりして使用する。とくに騎乗のためには、人間と親密な関係を築くことが基本であり、その信頼関係の上に人間の命令に従わせる技術が存在する。ラクダの調教の基部にある「ラクダを人に慣れさせる」働きかけは、ラクダの生後3日目から始まるという。この時の人間のラクダへの対応が、その後のラクダの行動を左右するというから、まさにラクダに早期英才教育を施すことになる。その結果、ラクダは人の言うことを聞いて、人を背中に載せたり、過大な荷物を積まれることを嫌がらなくなる。この際、ラクダが肘と膝を折って座りこむこと、さらに荷積みのときに長時間この姿勢を保つことが要求されるが、この座位の姿勢を取るように教えこむことが、最も基本であり最も重要であるという。

　第8章では、ラクダの利用法を概観してカザフ牧畜民の暮らしとラクダの関係と考える。とくにラクダの毛について、毛の性質や利用法を解説する。ラクダ毛の性質は、毛が生える部位によって異なる。柔らかくて保温に優れた胸の毛は毛糸や毛布などに、首、膝、コブに生える硬い毛は、頑丈な紐やロープの材料になる。カザフ人は、独特の美しい文様を刺繍した絨毯で、天幕型住居の壁や床を余すところなく飾るが、その絨毯を縫い合わせるのにも、ラクダの剛毛が使われる。

　第9章では、運搬用にラクダを使うカザフ牧畜民を紹介する。モンゴル西部のアルタイ山脈に暮らすカザフ人のある一家は、現在もラクダの背に家財道具を積み込んで季節移動している。そのときの荷物を積む順番と方法、移動経路について述べる。あわせて、夏の天幕型住居と住居内の家財について、具体的な種類と重さを解説する。

　第10章では、トルコにおいて開催されているラクダ相撲について紹介する。現在のトルコ、イラン、アフガニスタンを中心とした地域では、ラクダに相撲を行わせる習慣がある。このラクダ相撲のルーツは古代遊牧社会にあるとされ、中世イスラーム時代の絵画にもラクダが相撲を組んでいる様子が描かれている。遊牧民がラクダに相撲をとらせたのは、運搬用や騎乗用として身近にいたラクダに、腕試しと力自慢のために相撲を取らせたのが始まりである。この相撲をとる「ラクダ・レスラー」はすべて雄であり、しかも、雌のヒトコブラクダと雄のフタコブラクダを掛け合わせて作った雑種ラクダである。中東でこのよう

な雑種ラクダを作る歴史は古く、紀元前 2 世紀ごろまで遡るといわれる。雑種ラクダを生産した背景についても解説する。

　最終章の第 11 章では、ラクダと自然環境の関係について考察する。アフリカのスーダン紅海沿岸部では、ヒトコブラクダが飼われている。ラクダは砂漠などの乾燥地に強いが、海辺に生える塩生植物を餌にできることで、砂浜でも飼育できるのである。ラクダの身体的な強靱さは、ここでも認められる。この地域の海岸には、「キャメルライン」と呼ばれる独特の景観が広がる。キャメルラインは、ラクダがマングローブ林を一定の高さまで食い尽くしたことで生じる一種の食害の跡である。しかし、ラクダは、適度に採食すればマングローブ林の生産性をあげさせ、森林の更新が進むことで活性化させる機能を持つ。ラクダは悪者ではない。結局、人間側の都合で柵や水路などの障壁を設けることで、家畜による食害が起こるのだ。

　家畜の動物としての習性を見定めながら、できるだけ自然に沿う形で家畜を飼うことはできないだろうか。家畜によって、自然の潜在力を持続的にかつ最大限に引き出す道を、人間は探るべきである。

今村　薫

●目次●
ラクダ、苛烈な自然で人と生きる
──進化、生態、共生──

口絵

はじめに …………………………………………………… 今村　薫　4

総説：人とラクダ

第1章　ラクダ科動物の進化と人間による利用　今村　薫　13

　　1　ラクダ科動物の起源と進化　13

　　2　狩猟対象から家畜へ　17

　　3　家畜化　19

　　4　ラクダ飼養のテクノロジー――鞍の考案　22

　　5　ラクダ隊商による交易　24

　　6　近・現代のラクダ利用　25

　　おわりに　29

第2章　東アフリカのラクダ牧畜民 ……………… 曽我　亨　33

　　1　ラクダがやって来た道　33

　　2　東アフリカの牧畜民　34

　　3　ラクダのミルク、血、肉　35

　　4　ラクダを飼う　38

　　5　ラクダの影に生きる　44

　　6　エチオピア、ガブラ社会の変容　50

　　7　東アフリカ、牧畜の未来　54

第3章　ラクダ牧畜の現在
　　　　――中国内モンゴル自治区エゼネー旗の事例から
　　　　……………………………………… 児玉香菜子　59

　　はじめに　59

1 内モンゴル西部ゴビ・オアシス地域──エゼネー旗 *60*

2 ラクダ頭数と利用の変化 *62*

3 ラクダ頭数の増加とその背景 *63*

4 新しいラクダ利用 *64*

5 ラクダ利用の再活性化を支える *64*

モンゴル国からの出稼ぎ牧畜民とラクダ搾乳場 *64*

6 ラクダの柵内放牧 *67*

おわりに *68*

第4章　ラクダの識別と紛失ラクダの捜索……… ソロンガ *71*

1 ラクダの所有識別 *71*

2 放牧におけるラクダの確認 *84*

3 逃走場所の推理 *86*

4 紛失ラクダの情報 *88*

5 紛失ラクダ「指名手配書」の事例 *89*

生物としてのラクダ

第5章　ラクダの分類と個体識別
　　　　──内モンゴルの例から…………………… ソロンガ *93*

はじめに *93*

1 成長段階、年齢と性別による名称 *94*

2 成長にあわせたラクダ利用 *99*

3 個体の形態的特徴による名称 *100*

まとめ *109*

第6章　遺伝子から探る──ヒトコブラクダとフタコブラクダの雑種
　　　………………………………………………… 川本　芳 *111*

　　1　ラクダ科動物の家畜化　*111*

　　2　旧大陸のラクダたち　*115*

　　3　交雑するヒトコブラクダとフタコブラクダ　*117*

　　4　遺伝子から交雑を調べる　*120*

　　5　カザフスタンのラクダ調査　*123*

　　6　キルギスのラクダ調査　*128*

　　7　交雑ラクダの利用　*130*

家畜としてのラクダ・多彩な利用

第7章　ラクダの調教 ……………………………… ソロンガ　*137*

　はじめに　*137*

　　1　調査地の説明　*137*

　　2　ラクダの馴致　*139*

　　3　ラクダの騎乗用調教　*143*

　　4　調教後のラクダ管理　*147*

第8章　牧畜民の暮らしを支えるラクダ毛
　　　──モンゴル国カザフ人の事例から　廣田千恵子　*151*

　　1　カザフ人とラクダ　*151*

　　2　柔らかく暖かな毛〝カブルガ・ジュン〟　*153*

　　3　硬くて丈夫な毛〝チュダ〟　*154*

　　4　チュダ・ジップで縫われる様々な道具　*156*

　　5　ラクダの毛と共にある暮らし　*159*

第9章　フタコブラクダでの移動と運搬
　　　　　——モンゴルのカザフ人の例から…… 今村　薫　*161*

　はじめに　*161*
　1　調査地の概要と調査方法　*163*
　2　運搬の実態　*164*
　3　ラクダによる運搬　*171*

第10章　トルコのラクダ相撲——駄獣からレスラーへ
　　　　　………………………………今村薫・田村うらら　*173*

　はじめに　*173*
　1　トルコの雑種ラクダについて　*174*
　2　トルコの牧畜と調査地について　*177*
　3　インタビューの記録　*178*
　4　ラクダ相撲の歴史と相撲大会の概要　*187*
　5　ラクダ相撲を行う背景　*188*
　6　トルコにおけるラクダ・雑種交配の技　*190*
　7　トルコにおけるラクダ相撲の今後　*191*

ラクダの環境問題・未来

第11章　ラクダの食習性とキャメルラインの形成
　　　　　——ラクダの環境適応と環境破壊
　　　　　………………… 星野仏方・多仁健人　*197*

　1　ラクダの食習性　*197*
　2　キャメルライン　*199*
　3　マングローブ林とヒトコブラクダの関係の季節性　*206*

　4　ヒトコブラクダのヒルギダマシ採食量　　*208*

　おわりに　　*209*

あとがき ……………………………………………… 今村　薫　*213*

索引 ………………………………………………………… *215*

装丁＝オーバードライブ・前田幸江

総説
人とラクダ

第1章　ラクダ科動物の進化と人間による利用

今村　薫

1　ラクダ科動物の起源と進化

　ユーラシア大陸のシルクロードで、あるいはアフリカ大陸・サハラ砂漠で塩や金を運んだ交易の歴史的図柄に登場するラクダは、旧大陸に棲むラクダ科動物である。分類上、ラクダ科の動物は、ブタと真の反芻動物（ウシ、ヤギなど）の間に位置し、ラクダ亜目に属する。そして、ラクダ科動物は真の反芻動物とはいくつかの点で異なる。

　見かけからいうと、まず、角がない。そして、蹄が立っているウシたちとは異なり、ラクダの足指は水平で、幅広の硬い皮でできたパッドで包まれている。ラクダ科の動物は、四肢がヒョロ長く、座るときは四肢を体の下に曲げこんで、きれいに左右対称に「正座」しているようにみえる（写真1）。ウシ、ヤギ、ウマなどの他の有蹄類が、「斜め座り」で休息するのと大きく違う。これは、ウシなどが、後肢が皮膚と筋肉によって膝の部分から体に結びつけられているのに対し、ラクダは、大腿部の上部でのみ躯幹と繋がっており、膝関節を地面につけることができるからである［クラットン＝ブロック1989，フランシス2019］。

　ラクダ科動物の起源は、約4500万年前、始新世後期に現在の北アメリカ大陸に出現したウサギ大の動物に始まる。その後、約1700万年前に北アメリカ大陸における寒冷化にともない二つの系列に分かれた。一つは寒冷に耐えるため大型化し（最大のもので肩までの高さが4.5m）、北アメリカに棲みつづけた。

　もう一つの系列は、寒さを避けて南下し、パナマ地峡の形成とともに南アメリカ大陸に移動した。その子孫として、南アメリカではビクーニャ属とラマ属が生息している。ビクーニャ属は野生種のビクーニャと家畜種のアルパカの2種が、ラマ属には野生種のグアナコと家畜種のラマがいる。南アメリカでの家畜化は紀元前4000年〜3000年に起きたといわれる（第6章参照）。これら4種の南アメリカに棲むラクダ科動物にはいずれもコブがない。

　その後、北アメリカ大陸のラクダの仲間は、約800万年前に北アメリカから

写真1　正座するラクダ

ユーラシア大陸へと移動した。このころ寒冷化により、ベーリング陸橋が両大陸を結んでいたからである。現在の旧大陸に棲むラクダの祖先と思われるパラカメルスは、アジア、ヨーロッパ、アフリカから化石が発見されており、最古のものはスペイン（750万～650万年前）と中国からのものである。今日のラクダはおもに内陸乾燥地に生息しており、ラクダといえば乾燥地の動物というイメージが強いが、北極圏でも化石ラクダが発見されていることから、ラクダの独特の形態は、冷涼な環境に適応した可能性がある。例えば、広い平らな足は、砂や雪などの柔らかい地表でうまく機能する。脂肪を含むラクダのコブは乾燥に耐えるために発達したと考えられがちだが、実は、寒冷気候に適応した結果であるかもしれな [Rybczynski et al. 2013]。

　ユーラシア大陸のラクダ属には、野生種（Camelus ferus）が1種、家畜種として、ヒトコブラクダ（C. dromedarius）とフタコブラクダ（C. bactrianus）の2種がある。これら3種の系統関係は、全ゲノム解析によると次のようである [Ming et al. 2020]。まず、500万年前にヒトコブラクダと、フタコブラクダ（家畜種と野生種の共通祖先）が分岐し、その後、およそ50万年前（15万年前～70万年前）に、フタコブラクダ野生種（C. ferus）と、フタコブラクダ家畜種（C. bactrianus）が分かれた。

　野生種は、ピラミッド型の小さいコブを二つもつ（写真2、写真3）。現在は標高1500～2000mのタクラマカン砂漠からゴビ砂漠の一部に約1500頭が生息しているだけである。

　また、オーストラリアには、18世紀末イギリス植民地時代に中東から持ちこまれ、その後野生化したヒトコブラクダが100万頭以上生息している。

　家畜種2種の分布は異なり、2種の分布の境は年平均気温21℃の線とほぼ一致するといわれている [Mason 1979] が、一部重なる地域がある（第6章参照）。現在、家畜として飼われているラクダの頭数は約3800万頭（FAOSTATの2020年の資

写真2　野生ラクダ：小さなコブを2つ持つ
（撮影：伊藤健彦）

写真3　野生ラクダの仔（左）と家畜ラクダの仔
（撮影：山中典和）

写真4　家畜フタコブラクダ
（カザフスタン、撮影：今村薫）

写真5　家畜フタコブラクダ
（中国内モンゴル、撮影：今村薫）

料）で、そのうちの9割がヒトコブラクダである。フタコブラクダは、モンゴル
から、中央アジア、アフガニスタン、イラン、カスピ海沿岸諸国、ロシアと広
範囲で飼育されているが、ヒトコブラクダと比べて頭数は圧倒的に少ない。

　ヒトコブラクダもフタコブラクダも、哺乳類、とくに大型哺乳類ならほとん
ど耐えられないような極度に過酷な環境で生き抜くことができる。コブに蓄え
られたエネルギー、自由に上下できる体温、耐塩性（塩水を飲める）、高い血糖値、
高い浸透圧でも壊れない赤血球、濃い尿、これらすべての特別な生理機能によっ
て、ラクダは乾燥、灼熱、極寒、低酸素の環境に耐えることができるのである［フ
ランシス2019］。

　フタコブラクダは、体重450〜700kgで大きく頑丈である。毛が長く、寒冷
かつ乾燥した気候に適応している（写真4、写真5）。モンゴル、中国、カザフスタ
ンからさらに西のカスピ海周辺、バクトリア地方（ヒンドゥークシュ山脈とアムダリ
ア川の間の地域。イラン、トルクメニスタン、アフガニスタン、タジキスタン、ウズベキス

写真 6　家畜ヒトコブラクダ
（アルジェリアにて、撮影：今村薫）

タンにまたがる）、コペトダグ山脈（トルクメニスタンとイランの境界）、ホラーサーン
（イラン東部）、アナトリア（トルコ）まで広がる。高度 4000m の高地、気温マイナ
ス 30℃まで耐えうるが、極端に暑いところ、とくに蒸し暑い場所には長時間い
ることはできない［Potts 2004］。

　ヒトコブラクダは、体重 300 ～ 650kg でより軽く細い。時速 60km で走ること
ができる。フタコブラクダと比べ乳量は多いが毛は少ない（写真6）。高温で乾燥
した気候に適応しているが、0℃の気温には耐えられない。北アフリカ、アラビ
ア半島、中東に分布する。

　フタコブラクダとヒトコブラクダは、顔つきも異なる。形態学的に、フタコ
ブラクダの頭は幅が広く前後に短い。一方、ヒトコブラクダは頭の幅がより狭
く、前後に長い。また、額から鼻にかけて段差がある［Martini et al. 2018］。その結果、
ラクダの顔を横から見ると、フタコブラクダは口先がとがった三角形（写真7）で、
ヒトコブラクダは細長い長方形（写真8）に見える。

　ハイブリッド（雑種）、とくに F1（雑種第一世代）は、その純系の両親より、体
格が大きくて頑丈である。体重は 700 ～ 1000kg で、純系より 2 倍力がある（400
～ 500kg の荷物を運ぶことができる）といわれる。また、寒さと暑さの両方に耐えう
る。F1 は、コブの形がヒトコブに見えるが、純系のヒトコブラクダに比べコブ
の頂点がより前側にあり基部が長い（写真9）。ヒトコブの頂点に小さな凹みがあ
る場合もある。ハイブリッドは、中東のヒトコブラクダとフタコブラクダの自
然分布が重なる地域で自然に起きた可能性もあるが、紀元前 1 千年紀には人為
的に進められるようになったといわれる［Potts 2005］。

　ユーラシアの家畜ラクダの寿命は 30 歳くらいである。生まれてから 1 年近く
乳を飲み、成長して繁殖可能になるのは、雌で 4 歳、雄で 5 歳くらいである。

写真 7　フタコブラクダの顔（撮影：今村薫）

写真 8　ヒトコブラクダの顔（撮影：今村薫）

写真 9　ハイブリッド・ラクダ
（カザフスタン、撮影：今村薫）

　ラクダの妊娠期間は 12 〜 13 か月であり、1 年おきに出産する。驚くべきことに、ラクダは妊娠しても搾乳できる。例えば、3 月に出産し翌年 2 月ごろの交尾期を経て、妊娠 6 か月の 8 月ごろまで、18 か月間も乳を搾り続けることができる。雌ラクダが乳を出さないのは、妊娠後期の 6 か月だけである。ラクダは、一日当たり 2.8 〜 11 ℓ の乳を生産し［Wilson 1984］、これはウシの数倍の生産量である。

　ラクダの特殊能力と人間との関わりでいうと、厳しい環境（乾燥あるいは寒冷）に耐えながらずば抜けた運搬力を持つことと、長く大量の乳を生産できることが、家畜としてのラクダの特長であるといえよう。

2　狩猟対象から家畜へ

　ラクダ科動物は旧石器時代から、長く人類の狩猟対象の動物であった。シリア内陸エルコウム盆地のフマル遺跡は「ラクダのサイト」と言われるほど、更新世の長期間にわたって多数の化石ラクダ骨が発見されている。その中でもネ

図1　野生のヒトコブラクダの狩り　Sha'ib Musamma, Saudi Arabia.　出典：Spassov Nikolay 2004

アンデルタールの堆積から、背丈が現代ラクダの2倍ほどの巨大ラクダが見つかったこともある [Hauck et al. 2006]。

　また、西シベリアの約1万8000年前の遺跡から、明らかに二つのコブを持つ動物が描かれたマンモスの牙が発見された [Esina et al. 2020]。これは、狩猟対象としてフタコブラクダが重要な地位にあったことを物語る。

　新石器時代に入っても、中東でヒトコブラクダの骨が、モンゴル、新疆、ウズベキスタン、カザフスタンからはフタコブラクダの骨が遺跡から発掘されている。紀元前3000年のシャイブ・ムサンマ（サウジアラビア）の岩絵には、弓矢と犬でヒトコブラクダを狩猟している絵が描かれている（図1）[Anati 1997; Spassov and Stoytchev 2004, Bedanarik and Khan 2009]。アラビア湾岸地域の遺跡から発見された紀元前3000年紀のラクダの骨には切痕が見られるものもあり、石器で肉を切り分けて消費していたと推定される。

　そして、紀元前3000年ごろには、アフリカ、中東、および中央アジアでは、人類が捕食したために野生のラクダは絶滅の危機に陥っていた。ブリェットは、アラビア南部沿岸の飛び地に暮らしていた狩猟集団が野生ラクダを馴化させたと考えている [Bulliet, R. 1975]。彼らはこの地で海産物を獲って暮らしていたが、ラクダもときおり狩猟していた。孤立したラクダの集団が、近くに住む人間を恐れることなく過ごしていて、小さな群れや個々のラクダにたいする親密さが増し、やがておとなしい雌とその仔を囲いに入れるようなったとブリェットは想像する。乾燥した環境を考えると、その肉ではなく乳を得ようとしたのだろうと、彼は主張する。その推理は以下のとおりである。

　もともとラクダは乾燥した外敵の少ない環境に棲んでいたので、他の草食動物と比べて神経質ではなく、比較的簡単に狩猟で仕留めることができる動物で

ある。もし肉だけが必要だったのなら、あえて家畜にしなくてもよい。したがって、アラビア南部沿岸に住む人々がラクダをわざわざ家畜にしたのは、肉以外の乳などを利用するためだという。

3　家畜化

　ラクダの家畜化を考えるにあたり、家畜化とは1回限りの出来事なのではなく、何回も、また世界の複数の箇所で、段階を踏んで人間と家畜の関係が変わっていったことを、まず確認したい。ここでは、ラクダの家畜化を次の3つのステップに区別する。この3つのステップを順番に踏んだ地域もあれば、いきなり2あるいは3のステップからラクダと関わった地域もあったにちがいない。

ステップ1.　最初の段階の家畜化は、安定してラクダの肉や皮を得るために、ラクダを囲いに入れたり繋いだりして飼育するようなったことから始まった。肉や皮の利用だけなら、狩猟によってでも得られるが、ラクダを生きたまま手元に置き続けることで、ラクダの乳、毛、糞を集めることができるようになった。この段階の家畜化は、紀元前4000年紀前後の時期に、ヒトコブラクダとフタコブラクダそれぞれに別々の地域で起こった。

ステップ2.　動物の肉体的なパワーを使う方法として、背中に荷物を積ませて運ぶ「駄獣」として使う場合と、車両やソリ、犂を引かせて（写真10）「輓獣」として使役する場合がある。駄獣および輓獣としてのラクダの家畜化は、主に鉱業と貿易に関連して、紀元前3000年紀のうちに始まった。おそらく、同時期に、犂をひいて畑を耕したり、井戸水をくみ上げるためのロープをひいたりして（写真11）、農業活動にも使役されていただろう。
　ラクダは馬、牛、ロバと比べて牽引には向かない。つまり、二輪車あるいは四輪車をひいたり、犂をひいたりするより、背中に荷物を載せて運ぶ方が向いている。ラクダは1日に100kmも移動可能で、餌の量は馬の半分ですむ。また、ラクダは足裏にクッションがあり、しかも歩き方がソフトなので乗り物として快適な動物である［Sala 2017］。

ステップ3.　両種のラクダは紀元前2000年紀に乗り物として使われるようになった。そして、軍用動物としてのラクダの家畜化の最後の段階は、ラクダの

写真10　雪原でソリを引くフタコブラクダ
（カザフスタン、撮影：今村薫）

写真11　井戸でロープを引くヒトコブラクダ
（マリ、撮影：今村薫）

鞍の改善と共に紀元前千年紀の初めに始まった。鞍の導入後、ラクダは武器の運搬、貨物輸送、さらに戦場における騎乗用の乗り物として軍事に使われるようになった。

1　ヒトコブラクダ

　ヒトコブラクダの家畜化開始の最初の証拠は、紀元前3000年紀初期の遺跡であるウム・アンナル（アブダビ）から見つかった200個のヒトコブラクダの骨である。これらの大半が幼年個体のものであることから、家畜化が始まっていたと想像される［Hoch 1977］。また、同じ資料のDNA分析から、この時期にアラビア半島南東部で家畜化が開始されたと主張する研究もある［Almathen et al. 2016］。

　ラクダはとくに乾燥地帯における物資や人の運搬にすぐれており、1頭が200〜300kgの荷物を載せ、1日30km程度を移動することができる。アラビア半島南部では紀元前3000年紀にすでにロバが荷物の運搬に使役されていたが、紀元前2000年紀にアラビア半島西岸からシリアに至る香料貿易ルートが確立して以降、砂漠地域での長距離の交易に使うことができる駄獣の必要性が生じ、積極的にラクダの家畜化をすすめる理由となったことも考えられる。

　エジプト先王朝時代（紀元前3150年以前）の遺跡から発見されたテラコッタにはヒトコブラクダに人間が乗っていたり、綱をつけてひいていたりする絵が描かれており、このころからエジプトでも家畜化が始まったと考えられる。

　紀元前2000年紀にアラビアの香料交易が盛んになり、ラクダも交易に使われるようになった。この香料とは、アラビア南部とソマリア沖のソコトラ島に自生するボスウェリア属の木からとれる芳香性の樹脂で乳香といわれる。エジプト、メソポタミア、南西アジアへ向けて、産地から船とラクダで乳香が運ばれ

た。紀元前 1200 年には、ヒトコブラクダの育種がアラビア半島の外でも行われるようになっていたが、効果的な荷鞍が考案されていなかったので、交易は限定的だった。

　ヒトコブラクダは南アラビア型鞍の考案後、アラビア半島から北アフリカ、東アフリカ、そして中東へ広がった。アッシリアのレリーフによると、アラビア人はラクダに乗ってアッシリア王と戦ったことが記されている。また、紀元前 853 年のカルカルの戦いでは数千頭のラクダが使用された。

　その後、中世の初期イスラム教国の拡大においては、北アラビア型鞍を使ったラクダ部隊が重要な役割を果たした。これは近代にまで続き、第 1 次および第 2 次世界大戦でも砂漠地帯においてはラクダは重要な軍事用動物であった。

2　フタコブラクダ

　フタコブラクダの家畜化の起源地については、以前は、バクトリア地方（アフガニスタン北部）と考えられており、そのことがフタコブラクダの学名（カメルス・バクトリアヌス）の由来ともなった。しかし、現在のフタコブラクダの分布から推定してもフタコブラクダが最初に家畜にされた地域は中央アジアの東端であろう [potts 2005]。最近の研究では、フタコブラクダの最も初期の家畜化は、新石器時代にモンゴル南部でおこったとされる [Bonora 2021]。これに続いて西方への伝播が続き、紀元前 4000 年紀半ばにはトルクメニスタンに、紀元前 3000 年紀にはマルギアナとバクトリアに到達した [Potts 2004]。紀元前 4000 年紀から 3000 年紀にかけて、この時期のトルクメニスタンの農耕定住村跡から、家畜化されたフタコブラクダの骨が出土しており、農耕用の駄獣として使われた可能性が高い [Kuzmina 2015]。

　紀元前 2,700 年～ 2,500 年のイラン南東部の遺跡から、ラクダの骨、糞、ラクダの毛織物が発見されている。この毛はおそらくフタコブラクダのもので、瓶に大切に保存されていた [Compagnoni and Tosi 1978]。

　フタコブラクダは、積み荷運搬用に長らく使われていたが、鞍の発明とともに安定感と乗り心地の良さが改善され、騎乗用にも使われるようになった。実際、モンゴル人は長旅には馬よりもラクダを好んだ [Dong 1984]。

　カザフスタン南部に描かれている岩絵から、紀元前 500 年～ 1000 年ごろにはフタコブラクダが軍用に使われていたことがわかる [Sala 2017]。また、紀元前 500 年ごろ、カスピ海とアラル海を結ぶ地域で、近隣の部族間闘争にラクダが使われたが、武器、食料、テントなどの輸送用であったと考えられる [Sala 2017]。

　紀元前 105 年、漢がフェルガナへの探検に乗り出したときに数千頭のフタコブラクダが編隊に組み込まれていたとの記述がある［Dong 1984］。

　このように、フタコブラクダは軍事においては騎乗用よりはおもに運搬用に使われた。近代においてもロシア軍、中国軍が軍事物資の輸送にフタコブラクダを用い、日本軍も 1927 年（昭和 2 年）に「支那に於ける家畜の研究」の中にラクダ飼育についての詳細な記述を残している［坂田 2017］。

4　ラクダ飼養のテクノロジー——鞍の考案

　紀元前 2000 年紀初頭に、ラクダは荷積みと騎乗用に家畜化がすすんだ。このことは同時に鞍の形態の進化を招いた。ラクダのコブは荷積みや騎乗におおいなる障害になったからである。鞍の発明はラクダの潜在能力を引き出し、乗り物としての操作性を増大させた。

　ヒトコブラクダ用の鞍は①ソマリ型②南アラビア型③北アラビア型④トゥアレグ型の 4 タイプある［Baum 2013］。トゥアレグはサハラ砂漠で暮らすラクダ遊牧民である。

　①ソマリ型：2 本の枝を交叉させたものを 2 組、ラクダの背に固定する。簡単に作れるが不安定である（写真 12）。

　②南アラビア型：紀元前 1200 年ごろに考案された。コブの後半に詰め物を載せ腹帯で固定する。荷物は袋にいれてラクダの両側にぶら下げる。騎乗者はコブの後ろ側に座るので、操作は比較的難しくなる。この鞍は紀元前 10 世紀～ 5 世紀にはじまったラクダの軍事利用の時期と一致する。

　③北アラビア型：紀元前 5 世紀に考案された。コブをはさんで、一組の逆 Y 字型の木枠を固定する。この鞍に荷物を載せると重量が分散し、ラクダの体重の半分の重さまで荷物を載せることができる。騎乗する場合、安定性とラクダの操作性の両方にすぐれている。このことにより、砂漠地帯での戦争では、馬よりもラクダのほうが有利になった（写真 13、写真 14）。

　④トゥアレグ型：比較的最近（1000 年以降）、サハラ砂漠で発達した（写真 15、写真 16）。鞍をコブの前に固定し、騎乗者はラクダの首に足を置いて、足でラクダを操作する（写真 17）。この鞍はおもに騎乗用に考案されたが、コブの後半に荷物を載せることもできる。

　フタコブラクダに乗る場合は、2 つのコブの間に座るだけでよい。アブミをつける場合もある。軽い荷物はラクダの左右にぶら下げることができるが、この

写真 12　ソマリ型の鞍
出典：Doug Baum［2018］　© Nick Keller

写真 13　北アラビア型の鞍（フレームのみ）
出典：Doug Baum［2018］　© Nick Keller

写真 14　北アラビア型の鞍（皮と布で装飾した
もの）出典：Doug Baum［2018］　© Nick Keller

写真 15　トゥアレグ型の鞍
（アルジェリア、撮影：今村薫）

写真 16　トゥアレグ型の鞍の装飾
（アルジェリア、撮影：今村薫）

写真 17　トゥアレグ型の鞍にのり、足でラクダの
首を操作する騎乗者（マリ、撮影：今村薫）

総説：人とラクダ

ままでは重い荷物を載せることはできない。荷重がラクダの背骨の 1 か所にだけかかるからである。そこで、紀元後 1000 年紀の後半に、積み荷用の鞍が考案された。この鞍は 2 本の木製のポールをラクダのコブの両側に沿わせて荷重を分散させる形のものである（第 9 章写真 14）。

　これらの鞍の考案により、ヒトコブラクダもフタコブラクダも、乗り物として積み荷用として、さまざまな目的に使えるようになった［フェイガン 2016］。

　ラクダを使う中東およびアジアの遊牧民は、移動性と機動性に富むようになり、長距離交易と軍事において近隣の他民族より優位に立つようになった。

5　ラクダ隊商による交易

　南アラビア型の鞍の考案が、アラビア半島の香料交易の発展に貢献したことは前述したとおりである。しかし、南アラビア型の鞍では荷物の安定性に欠け、また、騎乗の操作も難しかった。それが、北アラビア型鞍の発明により、ラクダによる交易と軍事に大変革がおきた。この鞍により、荷物の重さがコブの上ではなく、ラクダの肋骨の上に均等にかかるようになったのだ。4 世紀には東地中海の広大な世界で、ラクダが荷車による輸送にとって代わって使われるようになった［フェイガン 2016］。

　7 世紀のイスラーム軍の征服以前から、サハラ砂漠にはヒトコブラクダの隊商がサハラ砂漠を横断していた。その後のムスリム商人によって「ムーア人の黄金の交易」[Bovill and Hallet 1995] と呼ばれる隊商路が踏みかためられ、モロッコ、マリ、ガーナで黄金と岩塩版をラクダで運んだ。

　西アフリカの金はイスラーム世界に莫大な富をもたらし、また征服戦争の軍資金にもなった。10 世紀以降には、ラクダ遊牧民トゥアレグが独自の型の鞍を編み出し、サハラ交易の運搬業を担った。1323 年に西アフリカのマリ帝国の王、マンサ・ムーサが、数百頭のラクダと多数の奴隷を引き連れて、エジプトのスルタンを訪問した話はあまりにも有名である。コロンブスの西回り航路開拓までは、マンサ・ムーサとその後継者たちがヨーロッパの金の三分の二を供給していたという［フェイガン 2016］。

　西アフリカの塩の交易は、現在も重要である。12 世紀にモスリム商人が砂漠の奥地に豊かな岩塩鉱床を見つけて以来、塩はサハラの金であった。酷暑と砂嵐の中、夜間の星を頼りにラクダで荷物を運んだトゥアレグの昔話は現在も語り継がれており［今村 2015］、21 世紀に入った今日も、板状に切り出した岩塩（写真

写真 18　板状に切り出した岩塩
（撮影：今村薫）

18）を隊列を組んだラクダが運ぶ光景が、とき折りマリで見られる。

　一方、フタコブラクダは寒冷な気候にも耐えることができ、ユーラシアの長距離東西交易（いわゆるシルクロード）に欠かせない存在であった。シルクロードの始まりは、紀元前114年に漢王朝が中央アジアに進出したことに始まり、その後15世紀ごろまで続いたとされるが、この間ずっとこの交易路は、車輪を使った乗り物には適さない道だった。シルクロードはラクダが通ってできた道のネットワークである。

　このシルクロードの原型は、紀元前2000年紀に中央アジアの天山山脈に暮らしていた遊牧民の移動パターンによって形づくられたともいわれる［Franchetti et al. 2017］。交易路は通過点ではなく、その土地に暮らす人々の生業のための道でもあったのだ。

　先述したように、家畜フタコブラクダは中央アジア東端から徐々に西に導入され、紀元前2000年ごろにはアフガニスタン、ついでパキスタンに到達した。紀元前1000年頃までにはペルシャ（イラン）、アッシリア（イラク）にも家畜フタコブラクダが見られるようになった。このころ、アラビアから西アジアを通ってペルシャまで運ばれた香料などの荷物は、ペルシャにおいて、ヒトコブラクダの荷と、フタコブラクダが東から運んできた荷が交換されたという［フランシス2019］。こうして、2種の家畜ラクダがアフロ・ユーラシア大陸をつなぐ道を踏み固めたのである。

6　近・現代のラクダ利用

　狩猟対象であったラクダは、旧大陸においては5000年〜3000年前に、新大

陸においてはおよそ6000年～4000年前に、それぞれの野生種から家畜化が始まった。以下に、家畜としてのラクダの利用法について、旧大陸のラクダ（ヒトコブラクダとフタコブラクダ）と新大陸のラクダ（リャマ、アルパカ）を比較しつつ説明する。

1　肉利用

　ラクダ科動物の肉利用は新旧大陸で共通している。ただし, 肉量や肉質をよくする品種改良の程度においては、人為選択はウシ、ヒツジなどの他の偶蹄類家畜に比べるとラクダ科動物では弱い。近年、飼育ラクダ（とくにヒトコブラクダ）の頭数がアフリカ諸国を中心に増加しているが、これはおもに食肉として利用されている。

2　乳利用

　家畜の乳利用は、その家畜を生体のまま利用できるので、重要である。ウマ、ウシ、スイギュウ、ヤギ、ヒツジ、トナカイ、といった有蹄類の家畜化がユーラシアに広がった背景では、野生原種を家畜化することと牧畜文化の発達が切り離せない。ラクダ動物でも旧大陸系統の家畜化がユーラシアで起きたときも同様に搾乳による食物の確保が砂漠や乾燥地で重要になっている。しかし、乳は幼獣が乳を飲む期間しか分泌されないので、利用期間が限られている。

　対照的に新大陸では、アンデス高地でミルクを利用しないラクダ科動物の家畜化が起きた。栄養的にみて新大陸系統の動物のミルクが、乳タンパク質、乳脂肪、乳糖で劣る証拠はない [Gade 1999]。新旧大陸のラクダ科動物でミルクが利用されなかったことは生物学的理由によるものではなく、民族生物学的理由による。アンデスでの環境利用は、農業と牧畜の複合関係でユーラシア大陸やアフリカ大陸とは異次元のものである [山本2007]。農業の定着性と畜産の移動性とは逆に「定牧移農」が発達したアンデス高地では、家畜化したラクダ科動物を搾乳する需要はなかったと考えられる [稲村2007、2014]。

3　被毛利用

　家畜化以前から新旧大陸では狩猟で得たラクダ科動物の被毛は寒冷環境での生活に重要な生物資源だった。毛には上毛（刺し毛、ガードヘア）と下毛（綿毛、アンダーファー）があるが、ラクダ科動物ではすべての種の毛が寒冷地の生活で衣類として利用されてきた。

　被毛は、動物の種や品種、体の部位や季節・年齢で毛の性状、長さ、質は変化する。ラクダ科動物の中でも、フタコブラクダとアルパカの毛は用途が多い。とくに新大陸のビクーニャとアルパカの毛は、品質の改良が進んで国際的な市場が開拓されている。

　現在の中国では。4 月～ 6 月にラクダの毛刈りが行われる。ラクダ毛は部位によって性質が異なるが（第 5 章図 1、第 8 章参照）、羊毛やカシミヤに負けないくらい上質の細かい繊維を生産し、優れた保温性を有する。春の換毛の時期には、ラクダは毛の塊をこすり落としながら、大量の毛を排出する。かつての隊商では、ラクダの隊列の後ろからラクダを追う人は、通常、ラクダから落とされた毛を拾い上げ、最後尾のラクダにくくり付けられた籠に入れる作業をしていた [Dong 1984]。現在でもラクダ 1 頭あたり 3 ～ 4kg、最大で 6kg を超える毛が採取される。

　毛色の変化においても新旧大陸のラクダ科動物にはちがいがある。リャマやアルパカではさまざまな毛色のものが飼われている。一方、旧大陸系統では、地域あるいは集団内の個体間の毛色変異は乏しく、基本的に単色が多い。

4　糞利用

　家畜を飼うことによって、人類は乾燥地（砂漠）、寒冷地、高地にも居住できるようになったが、暖を取るためと料理に熱源の確保が必須だった。草食獣の排泄物は燃料で貴重な資源となり、野生動物を家畜化したあとも糞は現在でも砂漠民や高地民の生存を支えている。サハラ砂漠の隊商は、草一本生えない砂漠で燃料を確保するために、ラクダの糞を収集しながら移動した。現在のモンゴルでは、ラクダ 1 頭から年間 230kg の糞を採取できる。糞は木材と同様の対重量エネルギー収量を有するだけでなく、より熱く、よりクリーンな炎で燃えるので、牧畜民の移動式住居内で火をおこすときに有用である [Chapman 1985]。世界中の牧畜民にとって現在も家畜の糞は重要な燃料である。

　また、新大陸では、糞が肥料に利用されている。新大陸のラクダ科動物は、溜め糞の習性を持っており、糞場がジャガイモの栽培化を促した可能性が指摘されている [大山 2007]。現在でもラクダ科動物の糞は海鳥の糞（グアノ）とともに、アンデス農耕の重要な肥料資源になっている。

5　運搬

　家畜化したラクダ科動物の駄獣利用は新旧大陸の家畜化で共通している。体

サイズの違いから、大型のヒトコブラクダやフタコブラクダでは 120 〜 150kg ［Potts 2005］、小型のリャマでは 46kg くらいまでの積載ができる［稲村 1995］。ただし、アルパカでは駄獣利用がない。

6　騎乗

　駄用の共通性とは対照的に、人が乗る利用では新旧大陸のラクダ科家畜に違いがある。ラクダ科家畜種では、ヒトコブラクダ（体重 300 〜 650kg）やフタコブラクダ（450 〜 700kg）に対してリャマ（250 〜 550kg）やアルパカ（120 〜 200kg）の体格は小さく、新大陸では乗用に利用されていない［稲村 1995; Fowler 2010］。

　旧大陸の乗用では、以前の戦争や日常の利用だけでなく、現在は競技や観光にラクダ科動物が使われる。

　体重の大きい旧大陸系統は運搬でも駄用とは違う役用で輓獣（車両などの牽引につかう家畜）として利用されてきた［Bulliet 1975］。

7　軍用

　乗用や役用（特に輓役）での適性の違いから、乾燥地や砂漠での戦闘ではヒトコブラクダやフタコブラクダが活躍してきた。第 2 次オスマン・ハプスブルク戦争で 17 世紀にオスマン帝国軍がウィーンを包囲した際に残ったラクダの遺骨が発掘されている。この時代の戦闘にラクダが利用されヨーロッパに達していたことがわかる。利用の詳細はわかっていないが、骨と遺伝子の分析からこのラクダはフタコブラクダの雄とヒトコブラクダの雌を交配させた雑種 1 代目だったことが判明している［Galik et al. 2015］。

　対照的に、南米ではラクダ科動物が戦闘に利用された歴史はない。しかし、防衛に利用する例では、現代の北米の牧羊でコヨーテの捕食を防ぐためリャマが利用されている［Franklin and Powell 2008］。

8　娯楽

　近年のラクダは、運搬や牽引用の役畜としての役目を終え、ラクダ・レースやラクダ相撲といった娯楽に用いられている。

　ラクダ・レースとは、北アフリカからアラビア湾岸諸国でヒトコブラクダを競争させる競駝のことである．地域によってたいへん人気が高く、大きなレースともなると、オーナーや見物人が車に乗ってラクダに伴走し大声の応援合戦をくりひろげる。騎手は、かつては体重の軽い若者や子どもだったが、これが

虐待につながるということで、近年はロボットが騎乗することも多い。

　ラクダ・レースには古い伝統がある。アラブ社会では昔から、イスラーム教の祝日、部族の集まりなどの機会をとらえて、持ち寄ったラクダを砂漠で競争させることが楽しみだった。石油産業の発展以降は、アラブ諸国では、ラクダ・レースが文化的催しのための出しもの、もしくは正式なスポーツの一種目となった。現代でもラクダ・レースは賭け事的な側面はないといわれる［縄田2008］。

　ラクダ相撲は、本書の10章で詳しく説明するが、現在、トルコを中心に開催されている雄ラクダどうしを組ませて闘う競技である。ラクダ相撲のルーツは古代の遊牧時代にまでさかのぼると考えられており、役畜ラクダの力自慢として牧畜民が自分のラクダを闘わせたことが、ラクダ相撲の始まりであろう。現在のトルコにおけるラクダ相撲のイベントは純粋な民族芸能であり、シーズン中の日曜ごとに、家族連れが楽しむ年中行事となっている。

おわりに

　乾燥地におけるかつての文明形成の主動力であったラクダは、モータリゼーションによってその存在価値を消失させている。また、土地私有化が進展したことで遊牧が困難になったことにより、現代の牧畜および牧畜文化は大きく変容している。しかし、ラクダは、現在も地域によっては荷車あるいはソリ（冬季）を引く荷駄獣として使われており、肉と乳が重要な食糧として、毛と皮が衣服や寝具、住居の材料として、糞が燃料として欠かせない。

　現在のラクダは、北アフリカにおいては食用肉として重要であるし、中東から中央アジア、さらに中国、モンゴルにおいては、ラクダ乳を発酵させた飲料が健康食品として注目されている。また、ラクダのパワーを「ラクダ・レース」と「ラクダ相撲」という娯楽の中で発揮させている。

参考文献
稲村哲也
　2007　「旧大陸の常識をくつがえすアンデス牧畜の特色」山本紀夫編『アンデス高地』259-277頁、京都：京都大学学術出版会。
　2014　『遊牧・移牧・定牧──モンゴル・チベット・ヒマラヤ・アンデスのフィールドから』京都：ナカニシヤ出版。
今村薫
　2015　「トゥアレグ──その社会組織と個性」竹沢尚一郎編『マリを知るための58

総説：人とラクダ

　　　　章』明石書店、123-127 頁。
大山修一
　　2007　「ジャガイモと糞との不思議な関係」山本紀夫編『アンデス高地』135-154 頁、
　　　　　　京都：京都大学学術出版会。
ブライアン・フェイガン
　　2016『人類と家畜の世界史』（東郷えりか訳）、河出書房新社。
リチャード・C・フランシス
　　2019『家畜化という進化――人間はいかに動物を変えたか』（西尾香苗訳）、白揚社。
J. クラットン・ブロック
　　1989　『図説 動物文化史事典――人間と家畜の歴史』（増井久代訳）、東京：原書房。
坂田隆
　　2017　「日本陸軍によるフタコブラクダの利用」『アフロ・ユーラシア内陸乾燥地文
　　　　　　明』Vol.5: 37-93、春日井市：中部大学中部高等学術研究所。
縄田浩志
　　2008　「サウディ・アラビアのラクダ・レース――現代に浮かびあがる、アラブ社会
　　　　　　のネットワーク」『季刊民族学』32 (3): 44-59。
山本紀夫
　　2007　「山岳文明を生んだアンデス高地」山本紀夫編『アンデス高地』75-93 頁、京都：
　　　　　　京都大学学術出版会。

Almathen, F., Charruau, P., Mohandesan, E., Mwacharo, J.M., Orozco-terWengel, P., Pitt, D.,
Abdussamad ,A.M., Uerpmann, M., Uerpmann, H-P., Cupere, B.D., Magee, P., Alnaqeeb, A.,
Salim, B., Raziq, A., Dessie, T., Abdelhadi, O.M., Banabazi, M.H., Al-Eknah, M., Walzer, C.,
Faye, B., Hofreite,r M., Peters, J., Hanotte, O., & P.A. Burger
　　2016　Ancient and modern DNA reveal dynamics of domestication and cross-continental
　　　　　dispersal of the dromedary. Proceedings of the National Academy of Sciences of the
　　　　　United States of America 113: 6707–6012.
Anati, E.
　　1997　*L'Art rupestre dans le monde, L'Imaginaire de la préhistoire*, Larousse, Paris.
Baum, D.
　　2013　The Camel Saddle: a Study. Camel Conference, SOAS University London.
　　　　　https://www.soas.ac.uk/camelconference2013/file88887.pdf .
　　2018　The Art of Saddling a Camel, AramcoWorld
　　　　　https://www.aramcoworld.com/Articles/November-2018/The-Art-of-Saddling-A-
　　　　　Camel
Bednarik, R.G. and M. Khan
　　2009　The Rock Art of Southern Arabia "Reconsidered", *Adumatu* 20: 7-20.
Bulliet, R.
　　1975　*The Camel and the Wheel*, Harvard University Press, Cambridge, Mass. Morningside

Book Series, Columbia University Press.

Bonora, G. L.

2021 The Oxus Civilization and the Northern Steppes, In B. Lyonnet and N.A. Dubova eds., *The World of the Oxus Civilization*, Routledge, London, pp. 734–775.

Bovill, E.W. and R. Hallet

1995 *The Golden Trade of the Moors: West African Kingdoms in the Fourteenth Century*, Marcus Weiner, London

Chapman, M.J.

1985 Bactrian camels, *World Animal Review* 55: 14-19.

Compagnoni, B., & M.Tosi

1978 The Camel: its Distribution and State of Domestication in the Middle East during the third Millennium BC in Light of the Finds from Shahr-i Sokhta. in: Approaches to Faunal Analysis in the Middle East, edited by R.H. Meadow and M.A. Zeder. *Peabody Museum Bulletin* no 2, Peabody Museum of Archaeology and Ethnology, New Haven, CT. pp. 119-128

Dioli, M.

2020 Dromedary (Camelus dromedaryius) and Bactrian camel (Camelus Bactrianus) cross-breeding husbandry practicees in Turkey and Kazakhstan: An in-depth review. Pastorallism: Research, Policy and Practice 10: 6.

Dong, Wei

1984 The Bactrian camel of China. In The Came/id. An a/I-purpose animal 1: 98-111. Cockrill, W.R. 1, Uppsala: Scandinavian Institute of African Studies.

Esina, Y.N., Magailb, J., Monnac, F., & Y. I. Ozheredovd

2020 Images of Camels on a Mammoth Tusk from West Siberia, *Archaeological Research in Asia* 22: 100180.

Fowler, M.E.

2010 *Medicine and Surgery of CAMELIDS*. Third Edition, Wiley-Blackwell, Hoboken, New Jersey

Frachetti, M.F., Smith, C. Evan, Traub, C.M., & T. Williams

2017 Nomadic Ecology Shaped the Highland Geography of Asia's Silk Roads, *Nature* 543:193-208.

Franklin, W.L. & K.J. Powell

2006 Guard llamas: A part of Integrated Sheep Protection, *The Camelid Quarterly* March 2006: 1-7.

Gade, D.W.

1999 *Nature and Culture in the Andes*, The University of Wisconsin Press, Madison.

Galik, A., Mohandesan, E., Forstenpointner, G., Scholz, U.M., Ruiz, E., Krenn, M., & P. Burger

2015 A Sunken Ship of the Desert at the River Danube in Tulln, Austria, Plos One. https://doi.org/10.1371/journal.pone.0121235

Hauck, T.H., Jagher, R., Tensorer, H.L., Richter, D., & D. Wojtczak
  2006   Research on the Paleolithic of the El kowm area (Syria), Project of the Institute for
          Prehistory and Archaeological Science, University of Basel, Switzerland
Hoch, E.
  1977   Reflections on Prehistoric Life at Umm an-Nar (Trucial Oman) Based on Faunal Re-
          mains from the Third Millennium BC, in M. Taddei, ed., *South Asian Archaeology*,
          pp.589-638.
Kuzmina, E.E.
  2015   *The Prehistory of the Silk Road*. Edited by V.H. Mair. University of Pennsylvania
          Press, Pennsylvania
Martini, P., Schmid, P. & L. Costeur
  2018   Comparative Morphometry of Bactrian Camel and Dromedary, *Journal of Mammalian
          Evolution* 25:407–425
Mason, I. L.
  1979   Origin, Evolution and Distribution of Domestic Camels, In Cockrill, R.W. ed., The
          Camelid: All-purpose animal, Proceedings of the Khartoum Workshop on camels, De-
          cember 1979, Uppsala, 16-35.
Ming, L, et al.
  2020   Whole-genome Sequencing of 128 Camels across Asia Reveals Origin and Migration
          of Domestic Bactrian Camels, *Communications Biology* 3 (1): 1-9.
Potts, D.T.
  2004   Camel Hybridization and the Role of Camelus Bactrianus in the Ancient Near East,
          Journal of the Economic and Social History of the Orient 47 (2): 143–165.
Potts, D.
  2005   Bactrian camels and Bactrian-dromedary hybrids, *The Silk Road* 3: 49-58. Rybczynski
          N., Gosse J.C., Harington C.R., Wogelius R.A., Hidy A.J. & Buckley M.
Sala, R.
  2017   The History od Camel Domestication from Literary Sources and Archaeological Docu-
          ments, *Afro-eurasian inner dry land civilization* 15: 49-88.
Spassov, N. & T. Stoytchev
  2004   The Dromedary Domestication Problem: 3000 BC Rock Art Evidence for the Exis-
          tence of Wild One-humped Camel in Central Arabia, *Historia Naturalis Bulgarica*
          151(16): 151-158.
Wilson, R.T.
  1984   *The Camel*, Longman, London

第2章　東アフリカのラクダ牧畜民

曽我　亨

1　ラクダがやって来た道

　ラクダが家畜化されたのは、アラビア半島で紀元前2000年以前のことと考えられている。そして紀元前300〜600年頃に、北と南のふたつのルートからラクダはアフリカに持ち込まれたようである［Wilson 1984］。

　北のルートは、スエズ地峡を通ってエジプトに向かう。ピラミッドの横にラクダが立つ姿は観光ガイドブックの定番の構図だが、紀元前5000年に栄えた古代エジプト文明の時代には、人々はラクダを知らなかったのである。

　南のルートは、アラビア半島の南から紅海を渡り、アフリカの角に向かう。アフリカ大陸をよく見ると、東アフリカの部分が角のようにとがっている。これを「アフリカの角」と呼ぶ。その北側の付け根のあたりは、アラビア半島と50キロメートル程しか離れていない。古代の人々は、船でラクダをアフリカに運んだのだ。

　北のルートで運ばれたラクダは、主として騎乗に用いられた。人々はラクダの背に乗って、サハラ砂漠の北縁を西へと進んでいった。イスラム教を拡大していったのである。一方、南のルートで運ばれたラクダは、その後、東アフリカ一帯にとどまることとなった。サハラ以南アフリカには、湿潤帯を中心に眠り病を媒介するツェツェバエがいて、その病原体であるトリパノソーマ原虫がラクダの体内に入ると、痩せこけて遂には死んでしまう。この病気に阻まれ、ラクダは東アフリカから出ることができなかったのである。だから、湿潤帯が広がる東アフリカの西にも南にもラクダはいない。ラクダは、ツェツェバエが棲まない東アフリカの乾燥地帯にとどまったのである。

　東アフリカの人々は、乾燥に強いラクダを飼育し、主にミルクを飲み、時には血や肉を食べて暮らすことになった。騎乗はせず、荷物を運んだ。本章では、この東アフリカに住むラクダ牧畜民に焦点をあてていこう。

2　東アフリカの牧畜民

　東アフリカには 40 以上の民族が牧畜を営んでいるが、これらの牧畜民を大きく 2 つの民族グループにわけることができる［佐藤 1984］。ひとつは、クシ系の言葉を話す民族グループであり、もうひとつはナイロート系の言葉を話すグループである。クシ系の人々は東アフリカのより乾燥の強い東側で専業牧畜を営み、ナイロート系の人々は比較的湿潤な西から南にかけての地域で牧畜と粗放農業を営んでいる。彼らはともにウシ、ヤギ、ヒツジを飼育しているが、ラクダを飼育しているのは主にクシ系の人々だけである。東アフリカのなかでも、ツェツェバエが棲む湿潤な地域では、ラクダを飼うことが難しいのだ。

　クシ系の牧畜民でラクダを飼っている民族としては、ソマリ系の人々（ガリ・ソマリ、アジュラン・ソマリ、デゴディア・ソマリ等）、サクエ、レンディーレ、ガブラなどがいる。私は、約 30 年間にわたりガブラと呼ばれる人々のなかで調査をしてきた。民族によって、いくつか違いはあるが、ガブラの人々を題材に、人とラクダのかかわりについて見ていこう。

　ガブラの人々は、北ケニアと南エチオピアに分かれて住んでいる。エチオピアとケニアの国境は、直線で区切られているところが多いが、これはケニアが植民地支配されていた時代に、宗主国イギリスとエチオピア帝国のあいだで国境が引かれた名残である。北ケニアのガブラは、マルサビット市の北、チャルビ砂漠周辺に住んでいる。南エチオピアのガブラはもともとモヤレ市の北、ディレ高原にすんでいたが、その後、度重なる民族紛争の結果、今では小グループにわかれて南エチオピアの広い地域に住んでいる［曽我 2008］。

　本章では、主としてケニアのガブラを例に、ラクダと共にある暮らしについてみていこう。ラクダとの関わりを考えた時、どちらかといえば、ケニアのガブラの方が、より「伝統的」な生活を送っており、より複雑な関わり方を見てとることができるからだ。一方、エチオピアのガブラは民族紛争に何度も巻き込まれ，難民になったりするなど、より国家の影響を強く受けてきた。とくに第二次世界大戦の前後で、ラクダとの関わりも大きく変容している。またエナオピアのガブラはほぼ全員がムスリムであり、イスラム教の影響がラクダとの関わりにおいても強く出ている。そういうわけで、エチオピアのガブラについては、近代化について考える最後の章で論じることにしよう。

写真1、2　ラクダの搾乳（エチオピア）

仔ラクダが乳房に吸い付くとミルクが分泌される。男性は別の乳首をさすってミルクの分泌を促している（左）。仔ラクダは日中と夜間、母ラクダとは別の囲いに入れられている。朝と晩の搾乳時に、一頭ずつ囲いから出され、母ラクダのミルクを吸うことが許される（右）

3　ラクダのミルク、血、肉

　まずはガブラの人々が利用しているラクダの生産物について見ていこう。生産物にはミルク、血、肉、皮がある。

1　ミルク

　ガブラの人々にとって一番大切なものは、家畜のミルクだ。朝と晩、家畜のミルクを絞り（写真1、2）、それをそのまま飲んだり、ヨーグルトに加工したりする。ヤギやヒツジ、そしてウシのミルクはとても濃厚な味がする。ガブラの人々は、これらのミルクを紅茶にいれてミルクティーにして飲んでいる。

　ラクダの場合は、1回に0.5〜1リットルのミルクを得られるが、ほとんどが生乳かヨーグルトに加工して食される。もっともラクダのミルクのヨーグルトはとても酸味が強い。口にすると、体が震えるほどだ。ミルクの味もさまざまだ。最近、出産したばかりの母ラクダであれば、非常に濃厚なミルクをだすが、出産後1年近くたてば、薄い味になっていく。また、餌となる樹木の種類によっても味は変わる。しかも、ラクダのミルクを大量に飲むと、翌日、激しい下痢に見舞われることになる。

　一般的に、牧畜民はラクトース分解酵素をもち、ミルクを飲んでも下痢をすることはない。しかし、当の牧畜民ですら、ラクダのミルクを大量に飲むと下

痢をするという。もっともガブラの人々はこれを悪いことだとは考えない。体外に悪いものを出してくれる薬だとして、高い価値を置いているのだ。それを知らない私は、黄色の便が大量にでたとき、何かのわるい病気にかかったのかと心配した。話を聞いて、おなかがすっきりしたことに気付いたものである。

2　血

　利用頻度は下がるが、牧畜民は家畜の生血を採血して飲むことがある。ケニアのガブラは、病気になったときなど、血を利用していた。ただしムスリムは別である。イスラム教に帰依する者は血を食すことは禁じられている。エチオピアに住むガブラの人々は、皆、ムスリムであり、こちらで血を飲むのは見られなかった。

　ラクダの血は、鼻梁の太い血管から採る。ラクダを座らせ、首をロープで絞めると、血管が浮かび上がってくる。矢を血管に打ち込み、傷をつける。鏃には布が巻き付けられ、深い傷にならないように配慮されている。血がビューと飛び出してくるが、しばらくすると自然に止まる。唾でねった糞を傷口に塗りつけることもある。血液はだいたい一度に 0.5 ～ 1 リットル程採れる。すぐさま、棒で血液を攪拌し、血餅を取り除く。そしてミルクを加えたり、砂糖をいれたりして火を通さず直接飲むのである。

3　肉

　肉はご馳走だ。ヤギ・ヒツジの肉は、定期的に食される。牧畜民が食べるのは、基本的にオスの家畜であるが、儀礼の際には仔を産んだことがない未経産の家畜を供儀することもある。また、牧畜民はいつも肉を食べるわけではない。牧畜民にとって家畜は維持するものであり、厳しい乾季でミルクが減ってしまった時に、肉を食べるのである。

　ウシやラクダの肉は、結婚式や葬式などで供儀される以外、ほとんど食べる機会はない。しかし旱魃の時、最後の頼りになるのはラクダである。旱魃がきつくなると、ラクダの食べ物も減ってしまう。そんな時、体の大きなラクダから弱っていくという。厳しい旱魃時には、大型の雄ラクダを食べ、人々は命を繋いでいくのである。

4　皮

　家畜を解体した時、皮をよく伸ばしながら地面に木釘で張りつけ、天日でカ

写真 3、4　家を運ぶラクダ
ケニアのラクダや家は、エチオピアよりも小型である。右は、ケニアのガブラ、左はエチオピア
のガブラの積み方で少し異なる。いずれも家を覆うマットを鞍として使い、家の骨組みを束ねて
乗せる。スダレ状の巻いてあるものは、ベッドである。

チカチに乾燥させる。ヤギやヒツジの皮は、乾燥させた後、そのまま商人に売っ
てしまう。ウシの皮は、ナイフで皮の内側についた肉や繊維組織を削りとり、
敷物にする。夜、これを地面に広げ、その上で眠るのだ。一方、ラクダの皮は
コブが邪魔なので敷物には向かない。ラクダの場合、皮を乾燥させるのではな
く、水に漬け込んで湿ったままにしておく。そして、幅 7 ミリから 1 センチほ
どの革紐に加工するのである。革紐は、強い力がかかるところ、例えば家具や、
60 リットルほど水が入る容器を運搬するためのバスケットなどの原料になる。

5　荷物を運ぶ

　ラクダは荷物を運ぶ上でも重要である。かつてはポリタンクがなかったから、
ガブラは野生サイザル麻を編んで容器を作り、水を運搬した。容器は、一度に
60 リットルほど入る巨大なものだ。ラクダの左右に 1 個ずつゆわえ、遠く離れ
た井戸から村へと運んだのである。水汲みは女たちの仕事だが、60 リットルの
水が入った容器を扱うのは大変な労力だ。そこでポリタンクが登場してからは、
ロバを使って、20 リットル入りのポリタンクを左右に 1 個ずつ載せて運ぶよう
になり、この目的でラクダを使うことは無くなった。
　村を移動させるときには、家 1 軒を 3 頭のラクダで運ぶ。ガブラ
の家は直径 4 〜 5 メートルのドーム状をしており、細い木の骨組み
を、野生サイザル麻を編んだ蓑のようなマットで覆う。中にはスダレのような

ベッドがおかれている。これらを解体し、ラクダに積んで運ぶのである。今では、村は定住傾向を強め、ラクダで家を運ぶことはほとんどなくなった。しかし今でも結婚式の前には、新郎が妻方の村へと移動するときにラクダが用いられ、新郎の親族が作った新居を運んでいくのである（写真3、4）。

4　ラクダを飼う

1　放牧キャンプ

　それでは、ガブラの人々が、ラクダをどのように飼っているかをみていこう。実は、家畜種によって食べる植物は異なる。ウシやヒツジがイネ科の草を主に食べているのに対し、ラクダやヤギは木の芽や葉を食べるのだ。ガブラはラクダ・ウシ・ヤギ・ヒツジを飼っているが、これを3つのグループに分けて飼育している。

　まずヤギとヒツジの食性は異なるものの、一緒のグループにまとめる。放牧中、ヒツジは頭をさげて草を食べ、ヤギは潅木に登ったり体を支えたりして木の芽を食べるので、乾燥帯のほとんどの場所で両者は一緒にまとめても問題ないのだ。乾燥への抵抗力という点でも、ヤギとヒツジは同じくらいの抵抗力をもっている。5日に一度、水をやれば良いので、これらをまとめて管理するのが理にかなっているのである。

　2つ目はウシである。ウシは乾燥に対する抵抗力が一番弱い。北ケニアでは11月頃から3月頃まで長い乾季が続く。乾季になると、牧草は枯れ、水分がなくなるので、3日に1度の割合で、頻繁に水場に連れて行き、飲ませる必要がある。また、牧草もたっぷり食べさせる必要があるので、広大な草原に連れて行くことになる。

　最後がラクダである。ラクダは木の芽や葉を食べるので、放牧は高地の森林地帯でおこなうのが望ましい。またラクダは乾燥に対する抵抗力が一番強く、乾季であっても9日に1度の割合で水を飲ませれば耐えることができる。そこで水場から遠く離れた山岳地帯にまで連れて行くのである。とはいえ、9日に1度しか水場に行かないというのは、人間にとってとても苦しい。さらにラクダは禁忌が多い家畜で、放牧キャンプでは紅茶を入れたり、食べ物を調理したりすることが禁じられている。放牧キャンプで牧人たちは、一日を朝晩のラクダのミルクだけですごす。とてもきつい仕事なのである。

　このように3つの家畜グループは、それぞれ異なる植生を利用する。これら

の条件を、村のまわりで満たすことは難しい。そこで牧畜民は、村に少数の家畜を残し、家畜をそれぞれのグループごとに放牧キャンプへと送り出すのである。

　1世帯が所有するヤギの平均頭数は 68 頭、ヒツジは 76 頭程度であり、世帯ごとに放牧キャンプを派遣する。しかしウシとラクダについては、1世帯だけでは頭数が少なく、それぞれの世帯が放牧キャンプに出すのは効率が悪い。1世帯あたりの平均頭数は、ラクダが 12 頭、ウシが 15 頭程度であり ［O'Leary 1985］、各世帯がばらばらに放牧キャンプを出すとなると、世話をする牧人が足りなくなるからだ。そこで、ラクダもウシも 3 〜 4 世帯が協力して群れをつくり放牧キャンプを派遣する。ラクダであれば 35 〜 50 頭程度、ウシであれば 45 〜 60 頭程度をひとつの群れにして放牧キャンプに出す。ヤギ・ヒツジの放牧キャンプは、家畜の世話をする少年少女と、キャンプを運営したり防衛したりする青年が従事する。一方、ラクダやウシの放牧キャンプは少年や青年だけが従事する。一度、村を離れたら、数ヶ月から 1 年ものあいだ野良暮らしになる。非常にタフな生活だが、キャンプ先で出会う他の仲間と交流し、友人を作るきっかけにもなっている。

2　難儀なラクダの飼育

　ラクダを飼うのは容易ではない。まず、放牧からして大変だ。家畜の放牧は徒歩でおこなう。ヤギ・ヒツジ、ウシであれば、子供や少女でも簡単に放牧できる。けれども、ラクダは足が長いので、ゆっくり歩いているようでも、かなりの速度が出る。そこで、ラクダの放牧は、だいたい少年や青年が担当する。彼らは、進行方向から外れたラクダを連れ戻すために、右へ左へと走りまわるのだ（写真5）。

　放牧地につくとラクダは自由に採食を始める。しかし、ヤギ・ヒツジ、ウシが比較的コンパクトなまとまりを作るのに対し、ラクダは広く散開して採食する。灌木が生える丘陵地は緩やかに起伏があり、牧人にはラクダを全て見渡すことはできない。まして山地であれば、ラクダの姿は木々に隠れてしまう。夕方、牧人はラクダを探し、群れをまとめて連れ帰るのに苦労するのである。

　放牧中は暇なので、牧人は木陰で昼寝する。目覚めた時には、ラクダの姿が全く見えないことも稀ではない。それなのに牧人が慌てることはない。牧人には、ラクダの向かった方向がだいたいわかっているようだ。どうしてわかるのだろう。

総説：人とラクダ

写真 5　放牧に出されるラクダ（エチオピア）

　実はラクダは、だいたい太陽の方向に向かって歩くのである。かつて時計がなかった頃、人々が時を知る兆候のひとつに、ラクダが西を向く頃というのがあったという。ある日、私は放牧地で、ラクダがどちらを向いているか 1 時間ごとに調べたことがある。すると、ほとんどのラクダが、午前は東を、お昼近くには全方位を、そして午後 2 時頃からは西を向いているのを確認した。牧人は、ラクダの姿が見えなくても、午前であれば東側をチェックし、午後であれば西側をチェックしていたのである。

　余談だが、なぜラクダは太陽の方向を向くのだろう。それは、太陽光をまともに体に浴びると体温が上がってしまうからだ。ラクダは横から見ると大きく見えるが、上や前から見ると、すらりと幅が狭い。ラクダは太陽の方向を向くことで、太陽光を浴びる面積を最小にしているのである (坂田 1991)。

　さて、ラクダの姿が見えない時、だいたい太陽の方向を探すと述べたが、それでも見つからないことがある。するとラクダの持ち主は真剣になって探し始める。ラクダは大型で力も強いが、ハイエナやヒョウに襲われるとひとたまりもないからだ。まず、牧人からその日放牧した場所を聞き、いつ見失ったかを細かく聞き取る。そして失踪した先を考え、探しにいく。近くに村や放牧キャンプがあれば、独りで歩いているラクダを見かけなかったか聞きにいく。手がかりは耳に刻まれたカットマークや、尻から後ろ足にかけてつけられた焼き印だ。

　ラクダを探す苦労は、皆、知っている。そこで独りで歩いているラクダを見つけたときは、これを捕え、自分の村や放牧キャンプの近くに留めておく。そして探しに来る人に渡してやるのである。

　ラクダが失踪する理由は色々ある。まず深い谷に落ちてしまい、自力で脱出できなくなる場合である。乾燥帯の地表は植物に覆われておらず、また木々の根も張り巡らされていない。そこで、ひとたび大雨が降ると、強い水の流れによって地表が削られていく。ほんの数年で、小さな溝が深い谷になってしまうこともある。ラクダが谷に落ちているのを見つけると人々はロープと人を集める。そして谷からラクダを引き上げるのである。ラクダは500kgほどあり非常に重い。引き上げるのは重労働であり、ラクダが谷に落ちたと聞くと、人々はがっくりする。

　厳しい乾季であれば、水を求めて移動する場合もある。時には、50キロメートル以上離れた井戸や水場まで移動しているほどだ。出産間近のメスラクダが失踪する場合もある。群れを離れ、木立に身を隠して出産するのだ。この場合、仔ラクダがハイエナ等に襲われて命を落とす危険がある。そこで人々は、放牧キャンプにいる出産間近のラクダを村に移し、村の近くで放牧するようにする。そして出産の兆候が見えると、その日は放牧に出さず、村の中で出産させるようにするのである。

3　出産と交尾

　出産の兆候は、ラクダの産道の開き具合をみて判断する。産道が開き、出産が始まると、まず母ラクダを座らせ、横倒しにする。そして産道から出てきた前足を掴み、数人がかりで仔ラクダを引き出すのだ。出産を終えると母ラクダを座らせ、「プルッ、プルッ」と唇を震わせて音を立てながら、仔ラクダを母ラクダの顔先へと持っていく。母ラクダに我が子を認識させなければ、授乳を拒否することがあるからだ。

　ラクダのミルクは、仔ラクダが乳房に吸いつき、乳腺が開かないと出てこない。この時母ラクダは仔ラクダのお尻の匂いを嗅ぎ、我が子であることを確認する。我が子でないと思ったら、仔ラクダが乳房に近づかないよう追い払ってしまう。逆に、生まれてすぐ仔ラクダが死んでしまうと、この母ラクダはミルクを出さない。牧畜民にとっては大問題だ。そんな時は死んだ仔ラクダの皮でハリボテを作り、これを母ラクダに嗅がせる。そして乳房を手でさすって催乳する。

　一方、産んだ我が子にミルクを与えようとしないラクダもいる。仔ラクダが乳房に吸いつこうとすると、蹴ったり体の向きを変えたりしてミルクを飲ませないのだ。これを放っておくわけにはいかない。仔ラクダは死んでしまうし、

写真6、7　仔ラクダにミルクを与えない母ラクダへの施術（エチオピア）
仔ラクダにミルクを与えない母ラクダに施術する人々。鼻を串刺しにしている。肛門と泌尿器は棒と紐で縛られ、串刺しにされている（右は拡大写真）。

ミルクを搾ることもできなくなる。そんな時、人々は、母ラクダの肛門と泌尿器を棒と紐をつかって閉じてしまい、さらに木を削って作った鋭い串で肛門と鼻を串刺しにしてしまう（写真6、7）。こうすると糞も尿も出すことができず、母ラクダは串刺しの痛みに苦しむことになる。一方、仔ラクダは自由に乳房に吸いつくことができる。1日中、こうしておくことで、母ラクダは仔ラクダにミルクを与えるようになる。

　交尾もなかなか手間がかかる。なぜならラクダのペニスは後ろ向きについているからだ。なぜ後ろ向きなのかというと、それは尿を後ろ足にかけて体温を冷やせるようになっているからだ。ラクダが暮らす乾燥帯では、太陽が照りつけ、すぐに体温が上がってしまう。熱中症にならない工夫の一つが、後ろ向きのペニスなのである。日常的にはとてもよくできた仕組みだが、交尾の時は困る。そこで、ガブラの人々は、交尾中のラクダを見ると、ペニスがうまく入っているか確認し、時には介助してやるのである。

　ちなみにガブラは、群れに1～2頭の種オスを残し、残りのオスラクダはすべて去勢してしまう。これはよく肥育させるためだ。一方、エチオピアのアファールやソマリ系の牧畜民は、ラクダの去勢はほとんどしないという。これは塩や荷物の運搬にもちいるには、力のあるラクダを必要としているからである。

4　水汲みも重労働

　家畜を飼う上で欠かせないのが、給水である。雨季であれば、地上のあちこちに水溜りがあり、草も木の芽もたっぷり水分を含んでいるから、水汲みする

写真 8、9　深井戸に向かうスロープ（エチオピア）
南エチオピアのディレ高原には深井戸が掘られている。左は井戸の中から入口方向をみたところ
（ラエイ地区）。右はスロープから広間をみたところ。広間の奥には家畜に水を飲ませるために泥
で固めた樋がある（3 人の腕の左右に見える部分が樋である）（ダース地区）。

必要はない。しかし乾季になると井戸から水を汲み上げなければならない。ウ
シは 3 日に 1 度、水を汲み上げる必要があるから重労働だ。ラクダは 9 日に 1
度だから、回数という点では楽とも言えるが、頭数が多く、汲み上げる水がと
ても多い。

　ここでは例外的にエチオピアのガブラの例を上げておこう［曽我 2007］。エチオ
ピア南部のディレ高原は、非常に地下水位が低く、深井戸が掘られている。深
井戸の深さは地表から 10 〜 20 メートルほど下にある。深井戸の構造は、まず
入り口から 50 メートルほどの緩やかなスロープがある（写真 8、9）。これで家畜
を地下 8 〜 10 メートルまで連れて行くのだ。スロープの先には広間があり、家
畜が水を飲むための樋がある。樋の奥には水を一時的に溜めておく区画があり、
その奥に井戸本体がある。井戸は垂直に掘られていて、広間からさらに 5 〜 10
メートル下に水がある。井戸の途中には、足場として丸太がいくつも渡してある。

　家畜に水を飲ませるには、10 あまりの放牧キャンプが協力し、牧人 20 人余り
が作業に従事する。まず放牧キャンプごとに水を飲ませる順番を決め、牧人が
朝から晩にかけて、順番にラクダの群れを連れてくる。深井戸の広間のスペー
スには限りがあるから、1 度に 1 群のラクダを同時に入れるわけにはいかない。
そこで、深井戸の手前に群れを止め、一度に少しずつラクダを深井戸に向かわ
せるのである。喉が渇いたラクダの群れは、水を目前にして殺気立つ。とどめ

置かれた群れの前に牧人3〜5人が立ちはだかり、井戸へ向かおうとするラクダを止めるのだ。

　井戸に向かうことを許された5〜7頭のラクダは、スロープを駆け降りていく。そして広間に作られた樋から水を思う存分飲むのである。その量は圧巻だ。それぞれのラクダが一度に80〜100リットルもの水を飲むので、樋の水はあっという間になくなっていく。そこで2〜4人が、樋の奥の水溜から樋へとどんどん水を運びこんでいく。水溜には2〜3立方メートルほどの水が入るが、樋に水を移していくと、こちらも足りなくなってくる。そこで、井戸の中には4〜8人が上から下へと縦に並び、水汲み歌を歌いながら、水を入れたバケツを下から上へとリレーして汲み上げていく。これは大変な重労働だ。別のメンバーと入れ替わりしながら、水を汲み上げていくのである。

　水をいっぱいに飲み、満足すると、次の5〜7頭がやってくる。これを繰り返し、群れ全部が飲み終わるまで作業は続く。ひとつの群れへの給水が終わると、すぐ次の群れがやってくる。これが朝から晩まで続き、1日で10〜11群、あわせて350〜550頭余りのラクダに水を飲ませる。

5　ラクダの影に生きる

　ガブラの人々と暮らしていると、彼らの人生のすべてがラクダと共にあることがよくわかる。ラクダは食料として重要なだけでなく、文化的にも宗教的にも社会的にも重要な家畜である。ラクダは呪物のようでもあり男性の勇壮さを讃えたり祝福したりするものでもある。結婚も葬式もラクダなしには行うことができない。ラクダなくしてガブラの精神世界は成り立たないのであり、彼らはあたかもラクダの影に生きているかのようだ。本節では、ラクダの存在がガブラの文化・社会とどのように絡み合っているのか見ていこう。

1　呪物としてのラクダ

　家畜を増やすにはどうすれば良いだろう。畜産の専門家であれば、飼育技術を改良したり品種を改良して家畜の体型や能力（肉質やミルクの量）を高めたり、繁殖性の良いものを選抜したりするであろう。牧畜民も、それは同じだ。常に良い牧草と水を適切に与えるよう気をつけたり、良い体型のものを種オスに選抜して繁殖させたりする。ダニを丁寧に取り除いたり、市販の駆除薬で体を洗ってやったり、治療を加えたりと、健康に気を配る。

　けれども、ラクダは別だ。他の家畜と違って、どんなに気を配って飼育したとしても、突然、死んでしまうという。それは、飼い主の行動に問題があるときだ。ラクダはいつも飼い主の振る舞いを見ている。そして飼い主が、社会的にふさわしくない行動を取ると、死んでいくのだという。曰く、ラクダは「呪物」なのだ。

　この話を聞いたのは、ケニアのガブラ人と暮らしていた時のことである。ある日、1頭のラクダが熱を出した。ヤギやヒツジが熱を出すと、人々は躊躇なく抗生物質を注射する。けれども、ラクダには、誰も注射しようとしなかった。このラクダの持ち主は、高校にも2年通ったことがあり、獣医のこともよく知っている男性だったが、この時ばかりは注射を拒んだ。そして、あろうことか私に注射をしてくれと頼んできた。彼は非常に明晰な人だったので、私は意外に思い、なぜかと聞くと「ラクダは呪物だ」と教えてくれたのである。

　私は家畜に注射したことなどなかったが、ウシに注射するときに仕方を教えてもらい、その通りに太い針をラクダの腿に刺した。すぐに彼が、注射器を針につけて、抗生物質を注入した。緊張し、額に汗をびっしょりかくのを見て、彼が本当にラクダを呪物のように恐れていることを実感した。

　ラクダの中にも、とくに呪物性が強いのが「ドロ」と呼ばれる家系のメスラクダである［Schlee 1989; Torry 1973］。ドロのミルクは、ドロ専用のミルクバケツにしか搾乳してはいけない。またこのミルクをミルクティーなど調理に用いてもならない。さらに女性はドロのミルクを飲むことが禁じられている。もし女性が飲むと、ドロは衰弱し死んでしまうという。ドロには不思議な起源譚がある。かつてラクダと人が会話できた時、ハイエナの穴の中に座っていたドロに、穴から出てくるよう呼びかけた。ドロは出てこなかったので、「お前を神聖に扱うから」とか「お前のミルクを料理には使わないから」とか「女性には飲ませないから」とお願いしてようやく穴から出てきたと言うのだ。

　ドロに限らず、女性と泌乳中のラクダの間には強い禁忌がある。女性はラクダのミルクを絞ってはいけないし、女性と性的な関係にある男性もミルクを絞ってはいけない。ラクダのミルクは、一般的に少年か、性的交渉をやめた老人が搾乳することになっている。

2　人生を彩るラクダ

　さまざまな儀礼の際に、ラクダが登場する。ここでは、ケニアのガブラを例に見ていこう。

総説：人とラクダ

写真 10、11　アルマド儀礼（ケニア）
家長たちは一列に並び、祝福と共に交互にヨーグルトを飲む。ヨーグルトは各戸から届けられ、
家長の象徴である杖の手前に並べられている（左）。娘たちはラクダ囲いの出入口に座り、母親が
祝福と共にラクダのミルクを頭にかける（右）

　まずは毎年開催されるソーリョウ儀礼とアルマド儀礼を見てみよう［Torry 1973］。ソーリョウ儀礼はガブラ独自の太陰暦でヤガ月（ムハッラム）、第 1 ソムデール月（ラジャブ）、第 2 ソムデール（シャアバーン）の 3 つの月に行われる（括弧の中は、対応するヒジュラ暦の月名）。ガブラにとって特別な儀礼の月だ。月齢 9 日目か 10 日目、または 14 日目に、各戸でソーリョウ儀礼が行われる。儀礼ではメスの仔ヒツジが供儀されるが、その血をラクダのコブの右下に塗って繁栄を祈る。一方、アルマド儀礼はガブラ独自の「365 日からなる太陽暦」において新年（例年 11 月頃）に行われる［Tablino 1999］。家長たちが一列に並んで座り、祝詞を唱え、各戸から届けられたヨーグルトを共に飲む。娘たちはラクダ囲いの出入り口に座り、母が娘の頭にミルクをかけて幸福を祈る（写真 10、11）。

　さまざまな人生のステージをラクダが彩る。男の子が生まれると、女たちが集まり家の前でラクダの歌を歌って祝福する。男の子のヘソの緒を切り取り乾かしておき、2 歳くらいになると儀礼をおこない、ヘソの緒をラクダの尻尾に付ける。このラクダは「アンドゥーラ（ヘソ）」のラクダと呼ばれ、この子のものになる。男の子が育ち、割礼をすませると母方叔父から「カバンカバ（割礼）」と呼ばれるラクダをもらう。

　結婚する時には、ラクダを「カラット（婚資）」として贈る。ガブラの場合は、1 頭の未経産メスと、2 頭のオスラクダを贈ることになっている。ラクダがいなければ結婚できないのである。

　牧畜民はしばしば他の牧畜民と家畜をめぐって敵対し戦った。敵を殺し家畜を奪って帰ることは誉であり、殺人者には母方の叔父が「サルマ」と呼ばれるメスラクダを与えて祝福した。ただし殺人者とその妻はサルマのミルクを飲ん

46

ではならない。殺人者の兄弟や両親、子供達がこれを飲む。

　最後に、成人した者が死を迎えると、ラクダ囲いの出入り口のところに穴を掘り、遺体を埋めて墓とする。また、墓の周りで行う葬送の儀礼でも、ラクダが供儀される

　ラクダは神話にも登場する。星空のシルエットになったラクダの話を紹介しよう [Tablino 1999]。日本からはなかなか見えないが、南十字星のすぐ近く、天の川を背景にラクダの頭からコブの姿のシルエットを見ることができる。ガブラの人たちは、このシルエットを「コルマド」と呼んでいる。昔々、メスのラクダしか飼っていない男がいた。彼はラクダを妊娠させようと、種オスを貸してくれと人々に頼んだが、貸してもらえなかった。神に祈ると、神は「決してラクダの名前を口にしてはならない」と告げて、真っ黒な種オスを与えた。人々は驚き、男に種オスのことを聞いたが、男は口にしなかった。ところがある日、双六（アフリカで一般的なゲーム）で勝った男は、喜びのあまり「コルマド」と種オスラクダの名前を口にしてしまった。ラクダは天に舞い上がり、今もそこに座っている。

　ガブラにとって人生の楽しい時も悲しい時も、常にラクダと共にある。ラクダは喜びを表現したり、喪に服したりする時になくてはならない存在である。星空を眺めれば、そこにもラクダはいる。こうしてラクダは、彼らの人生を彩っているのである。

3　ラクダを貸し借りする

　ガブラの人々は、互いにラクダを借りたり、貸したりする。なかでも重要なのが「ダバレ」と呼ばれる半永久的な貸与法である。非常に複雑な仕組みがあるが、ここでは簡潔に要点だけ説明しよう [曽我 1998、2004]。

　今、仮にアリ氏が所有するラクダを、借り手イサコ氏にダバレとして貸与するとしよう。ダバレに用いるのは未経産のメスラクダである。貸与後、年月が流れ、このラクダが出産したとする。仮にオスが生まれた場合は、そのオス仔ラクダはイサコ氏のものになる。一方、メスが生まれた場合、その娘ラクダの所有権はアリ氏にある。イサコ氏は、母ラクダも娘ラクダも飼育するが、所有者はアリ氏なのだ。

　さて、イサコ氏のもとで生まれた娘ラクダだが、イサコ氏はこれをダバレとして別の者に又貸しすることができる。貸し手をイサコ氏、借り手をウマル氏としよう。年月が過ぎ、ウマル氏のもとでこの娘ラクダが出産したとする。こ

の時も、オスであればウマル氏のものに、メスであればその孫娘ラクダの所有権はアリ氏に帰属するのである。さらにウマル氏も、その孫娘ラクダを、別の者に又貸しすることができる。こうしてガブラ社会には、ダバレのラクダによって貸し手と借り手の人の鎖が作られていくのである。

　貸し手と借り手の関係は、世代をこえて受け継がれていく。祖父や曽祖父の代で借りたダバレのラクダの子孫が今も飼われていたりする。逆に、祖父や曽祖父が他の人に貸したラクダは、何度も又貸しされ、あちらこちらに広がっていく。ガブラ社会は、ダバレによる無数の人の鎖がからみあい、ラクダによる人のネットワークが張り巡らされているのである。

　ガブラの人々は、ダバレを積極的に行う。その結果、自分が飼っているメスラクダは、すべて誰かからダバレで借りたものばかりになり、一方、自分が所有するメスラクダは、すべて他の人にダバレで貸している、などという状況が生まれてしまう。ガブラは日々、他人から借りたラクダのミルクに依存して暮らしているのである。

　なぜこんな奇妙なことをするのだろうか。自分自身が所有するラクダを手元に置き、日々、そのミルクを利用するというやり方ではダメなのだろうか。ガブラの人々は、ダバレを行う意義を「他人の家畜囲いに自分のラクダがいないならば、自分の家畜囲いにもラクダはいないも同然だ」と語る。その意味は、自分自身のラクダを他人に貸し与えず、全部手元に置く場合、旱魃や敵の襲撃にあった時、全てのラクダを失いかねないことを警告しているのである。

　ダバレという貸与法の意義は、ラクダという財産を、緊密で深い人間関係という別の財産に置き換えることである。自分の所有するラクダを積極的に他人に貸し与え、緊密で深い人間関係を築いているならば、仮に旱魃や敵の襲撃のせいでラクダを全て失ったとしても、ダバレの借り手たちは助けてくれるに違いない。さらに言えば、助けてくれるのは、借り手だけではない。実は、貸し手も助けてくれるのである。

　これは貸し手と借り手が、もともと親しい関係にあることを思えば、不思議ではない。親しいもの同士が、ダバレを行うことで、さらに緊密で深い人間関係を築くのであり、借り手の苦境は、貸し手にとっても緊密な友人として解決すべき課題なのである。

　一方、起点となる貸し手（＝所有者。例えばアリ氏）にとって、又貸し先の借り手（例えばウマル氏）は、親しい関係にあるとは限らない。それどころか、顔も名前も知らないこともあり得る。ダバレが祖父や曽祖父の代で行われていたとす

れば、なおさらのことである。なので、思いがけず知り合った2人が、実は、起点の貸し手と又貸し先の借り手の関係にあると判明することがある。例えば、アリ氏が旅をしていて、ふと寄った村のウマル氏から冷遇されたとしよう。後日、ウマル氏が又貸し先の借り手であると判明した時、怒ったアリ氏がウマル氏からダバレで貸し出された自分のラクダを強制的に回収してしまう、といった事件が起きることがある。ダバレが「半」永久的な貸与である、というのは、そんなケースがあるからだ。

　こうしたラクダの強制回収は忌み嫌われる。ラクダが呪物であることを思い出そう。強制回収した者は事故に遭ったり病気になったり、強制回収した者が飼育しているラクダが全滅したりと、さまざまな不幸に見舞われるという。

　こうした事例があることから、借り手は、起点となる貸し手の機嫌を損ねないよう、十分注意する。まず、起点の貸し手、すなわち所有者が誰であるか、しっかり確認しておく。とくに所有者が亡くなり、息子や孫に相続されている場合があるから、現時点で誰がダバレのラクダの所有者であるのか、十分確認しておかなければならないのである。

　ダバレはガブラ社会にとって非常に重要な役割を持っている。ひとつは、旱魃や敵襲による被害を人間関係によってカバーするという役割であると述べた。もう一つの重要な役割は、ガブラ社会をラクダの貸し借りが繋ぐという働きである。このことについて、ガブラの人々は「女とラクダがガブラ社会を繋ぐ」という。どういう意味だろう。

　ガブラ社会は、数十人〜千数百人規模の父系クランによって作られている。クランは日頃から協力しあい、問題を抱えるメンバーがいれば皆で解決するなど、社会生活において重要な役割を持っている。けれどもそれは、逆に、ガブラ社会はクランごとに分断されている、とも言えるだろう。このクランを超えて人々を結びつけるのが女とラクダである。女は自分のクラン以外の男性と結婚する。いわゆるクラン外婚である。クランによって分断された社会が、結婚によって結ばれていくのである。ラクダはダバレをされることによって社会を繋いでいく。ダバレは同じクランの者とも行われるが、他のクランの者とも自由に行われるからだ。このように結婚とダバレは、クランを超えた結びつきを作り出す仕組みでもあるのである。

6　エチオピア、ガブラ社会の変容

1　エチオピアのガブラが経験した変容

　これまでケニアのガブラを中心に、ラクダとの関わり合いを説明してきたが、ここからは、エチオピアのガブラを題材に、ラクダを取り巻く牧畜社会の変容を見ていこう。実は、エチオピアのガブラ社会では、多くの慣習や制度が廃れてしまっている。エチオピアのガブラは全員がムスリムであり、家畜の血を飲むこともなければ、ラクダを呪物だなどと考えることもない。また、イスラム教の影響を受けて太陰暦がより重要性を増してきた。一方、ガブラ独自の複雑な太陽暦を理解できる者は、皆、この20年の間に他界してしまい、太陽暦は急速に廃れてきた。これに伴い、アルマド儀礼も廃れてしまった。ソーリョウ儀礼の重要度も減り、少数の者が行うにすぎない。さらにケニアでは、伝統的な作法に従って家畜を供儀するが、エチオピアではイスラム教が定める儀式に従い供儀される。

　なかでも、大きいのはダバレ制度の衰退である。これには第二次エチオピア戦争が大きく関わっている。この戦争が起きる前は、エチオピアのガブラ社会にもダバルサ（ダバレの別名）が活発に行われていた。ところが、戦争を契機に、ガブラは多くのラクダを奪われ、制度も衰退していったのである。

　ガブラは太陽暦をもとにした詳しい年表をもっている［Soga 2006］。それをもとに詳しく見ていこう。1935年、イタリアはエチオピア帝国に侵攻を開始した。第2次エチオピア戦争の勃発である。この時、イタリア軍は多くのソマリ人を傭兵として雇った。ところが戦況が悪くなり、1940年にイタリア軍が敗れ去ると、ソマリ人傭兵は盗賊と化し、ガブラのラクダを奪っていった。この時、ガブラは槍しかもっておらず、銃をもつソマリ人傭兵に抵抗できず、非常に多くのラクダが奪われた。その後、エチオピア行政官が戻ってくると、この問題に取り組み、1942年にソマリ人からラクダを取り返し、ガブラに返還させたという。この時、かなり多くのラクダが取り戻されたようであるが、十分とは言えず、多くの者が貧しくなってしまったのである。

　さて、行政官がラクダを取り返し、ガブラに返した時、彼らは単に頭数だけあわせて返したという。ガブラの人々はありがたくも困ってしまった。返還されたのは、自分が飼育していたラクダではなく、誰が所有するラクダとも知れない、見知らぬラクダだったからである。見知らぬラクダと書いたが、じつは

牧畜民は、一頭一頭の家畜の顔や名前を覚えている。牧畜民にとって家畜は、人と同様、個性あふれる動物なのだ。

　1946年、ガブラは大会議を開催した。ここで、第2次エチオピア戦争期に家畜を失った人たちの問題や、1942年に返還されたラクダについて包括的な話し合いがおこなわれた。会議の末、ガブラは家畜を失った人には家畜を分け与えることにし、ダバルサの権利関係がわからなくなったものについては、一旦、関係を終わらせることにしたという。

　その後も、南エチオピアでは1964年、1974年、1992年、2005年に大きな民族紛争があり、その度にガブラの人々は難民になったり国内避難民になったりした［曽我2012］。その過程で多くのラクダが奪われ、ダバルサの権利関係もわからなくなっていった。5章3節で、私はダバレの意義を、旱魃や敵襲に対する備えとして説明した。しかしエチオピアのガブラが経験した紛争は、全員が逃げ出したり難民になったりするほど規模が大きなものばかりであった。紛争の規模が、ダバレ／ダバルサの機能を上回っていたのである。そして、私がエチオピアで調査を開始した2000年の時点で、すでに人々は、ほとんどダバルサを行っておらず、家畜囲いにいるラクダのほとんどが所有ラクダであった。度重なる戦乱によってダバルサは衰退してしまったのである。

　ちなみに、エチオピアのガブラは1970年代なかばより、急速にイスラム化していった。1974年、エチオピアでは軍のクーデターによる政変がおきたが、それに呼応して南エチオピアでは大規模な民族紛争がおきた。この時、ガブラは東へ、つまりソマリ人が住むエチオピアのオガデン地域やケニアのイースタン州へと逃げ込んだ。なかには遠くソマリア民主共和国（現ソマリア連邦共和国）で難民生活を送った者もいる。これらの人々は、強くイスラムに傾倒するようになったのである。

　イスラム化の結果として、ガブラ社会ではクランの外から妻を娶るクラン外婚の原則が変更され、アラブ諸国やソマリアで行われているように、おなじクランに属する者同士が結婚するようになっていった。クラン内婚である。ケニアのガブラ社会では「女とラクダがクランを繋ぐ」と述べたが、エチオピアのガブラ社会では、女もラクダも、クランを繋ぐ役割を果たさなくなってきた。今では、クランの内側で多くの社会生活が完結するようになってきた。そして、民族紛争がひんぱんにおきる南エチオピアにおいて、ガブラ社会の一体性は、むしろ敵対する諸民族との関係によって保たれているかのようである。

2　売られるラクダ

　もうひとつエチオピアのガブラ社会には大きな変化がおきている。それはラクダを積極的に売るようになったということだ［曽我2019］。これまでにも、ガブラがラクダを売らなかったというわけではない。たとえば1930年代半ばには、村を訪れる商人と交渉し、大型のオスラクダ1頭をミルク容器（2～3リットル）3杯のコーヒー豆と交換していたという。しかしその頻度は非常に少なかったという。現金経済が浸透した現在は、週に1度、近郊の町で家畜市がひらかれ、売買されている。

　さて、ラクダの市場規模は、ヤギ・ヒツジやウシに比べて小さかった。なぜならエチオピアの首都アジスアベバでも、ケニアの首都ナイロビでも人々が好んで食べるのはヤギ・ヒツジやウシの肉であり、ラクダを食べる人はほとんどいないからである。僅かに、都市に住むソマリ系の人々が消費するにすぎなかった。ケニアやエチオピアの国内で消費されるラクダは微々たるものにすぎず、市場で売買されるラクダの大半は、エジプトなど国外へと輸出されていたのである。

　ところが2007年頃から、アラブ首長国連合などの輸入業者が積極的に種オスラクダを輸入するようになり、オスラクダの値段は高騰していった。2001年の大型種オスラクダの値段が約1500ブル（当時約2万2000円）であったが、2014年には1万8000～2万8000ブル（当時9万5400円～14万8400円）の値がつくようになった。ガブラの人々は高値に驚き、活発にオスラクダを売るようになっていったのである。

　また、ウシやラクダのミルクも積極的に売られるようになってきた。2000年頃は、どの家にもミルクが潤沢にあり、村を訪れれば0.5リットルのカップになみなみとミルクを振る舞ってくれるのが常だった。ところが2017年には、赤ん坊や幼児に飲ませるミルクと、紅茶にいれる自家消費用のミルクを除き、ほとんどを売ってしまうようになった。

　毎朝、女たちは、搾乳したミルクをポリタンクに入れ、幹線道路の脇でバスを待つ。バスの屋根にポリタンクを積みあげ、ケニアとの国境の町モヤレに送るのである。モヤレには親戚の女が待ち構えていて、受け取ったミルクを市場で売る。代金を精算すると、空のポリタンクとお金をバスに預けて返すのである（写真12、13）。

　なぜ、こんなにラクダやミルクを売るようになったのだろうか。その背景として、現代の生活が変容し、お金なしには生活がなりたたない、ということが

写真 12、13　ミルクを売る、ラクダを売る（エチオピア）
女たちは、毎朝ミルクをポリタンクに入れてバスを待つ（左）。市場で売られたラクダはトラックに積まれて運ばれ、輸出業者の手によって国外に輸出される（右）。

ある。1960 年代位以前の暮らしではミルクが主食であり、購入する物といえばタバコとコーヒー豆くらいであったという。しかし、現代の主食はトウモロコシや小麦粉などの穀物であり、これに加え、紅茶、コーヒー、砂糖、植物油、調味料、パスタ、じゃがいも、トマトなど、多くの食料が購入されている。加えて、ナベ、ヤカン、包丁、皿、スプーン、フォークなどの食器類、斧や山刀、服や布、毛布、マットレス、靴、タンスがわりのブリキのトランク、ランプと灯油、屋根にかぶせる雨ガッパがわりのビニールシート、懐中電灯、電池、ラジオや携帯電話などの生活用品がある。また、学校教育の普及にともない、子供の学費や制服、教科書なども購入することになった。近くの町に行くにも、バスやオートバイタクシーの運賃を支払う必要がある。今や、あらゆる物にお金がかかるようになってきたのである。

　一方、気候変動にともなう新たな出費もおきている。旱魃への対応だ。近年、旱魃がひんぱんに起きている。かつて厳しい乾季の時には、ラクダの放牧キャンプを木々が茂る地へと送りだしていたが、近年は、度重なる民族紛争の影響で、放牧キャンプを送りだす際には、近隣民族との関係をよく吟味しなければならなくなってきた。また、地域の人口密度がたかまり、放牧地が減ったことで、乾季には家畜に牧草を十分食べさせることができなくなってきた。そこで登場したのが、近隣の農耕民にお金を払い、収穫が終わった畑を使わせてもらうという手段である。畑には収穫後もトウモロコシの茎が残っている。畑にラクダやウシを入れ、これを食べさせるのである。

　さらに、配合飼料や干草を買う者もでてきた。厳しい旱魃に見舞われた 2017 年には、畑だけでは十分な牧草を確保できず、とくにウシは骨と皮だけに痩せ

てしまった。村の近くには、死んだ家畜の悪臭がただよい、人々は家畜（とくにウシ）を助けようと配合飼料や干草を購入したのである。これではまるで舎飼いである。私は、移動牧畜を生業とする牧畜民が、配合飼料を買うとは想像できなかったので、大変驚いた。この配合飼料を購入するためにも、ラクダを売って多額の現金を得ることが必要になる。

　これまで、エチオピアのガブラが、ラクダを売る背景を述べてきた。こうした背景の多くはケニアのガブラにもあてはまる。しかしケニアのガブラは、ラクダをほとんど売りに出さないのが大きな違いである。これは、ケニアとエチオピアとでは、生態環境が異なり、飼育する家畜種の構成に違いがあるからだろう。ケニアのガブラが暮らすチャルビ砂漠周辺では、井戸水が塩分を含み、樹高30センチ程度の低木が優占であることから、ヤギ・ヒツジの飼育に適している。ケニアのガブラは多くのヤギ・ヒツジを飼育しており、これらを頻繁に売却する。一方、エチオピアのガブラが暮らす地域は、ラクダが好む樹木やウシが好むイネ科の牧草が豊富にあることから、ラクダとウシを中心に飼育し、これを売るのである。

　またラクダのプロポーションも大きく異なる。エチオピアのラクダは足が長く大型で、より多くの樹木を必要とするのに対し、ケニアのラクダは足が短く小柄で、乾燥に対して非常に耐久性がある。この小型のラクダは、ケニアのガブラにとっては旱魃にたいする備えとして重要であるが、肉の量が少なく、国外に輸出するほどの市場価値はない。エチオピアとケニアとでは、ラクダの位置付けや、市場価値が大きく異なるのである。

7　東アフリカ、牧畜の未来

　最後に、東アフリカにおける牧畜の未来を考えよう。

　まず、東アフリカでは、気候変動の影響で、家畜群を維持することが、ますます難しくなっている。一般的に、牧畜民はできるだけ家畜の頭数を多く維持することで、旱魃に備えている。旱魃になると、家畜は骨と皮だけに痩せてしまい、体力を失ったものから死んでしまう。そして待望の雨は、めぐみとはならず、弱った家畜の体温を奪い、一気に斃死させてしまう。牧畜民は、この過酷な環境を生き延びた家畜を元手にして、ゆっくりと家畜群を再建していく（写真14、15）。

　ところが、近年、東アフリカでは旱魃が頻繁におきている。2000年以降だけ

写真 14、15　厳しい旱魃（エチオピア）
2017年、東アフリカを厳しい旱魃が襲い、牧畜民は多くの家畜を失った。骨と皮だけになった牛に、購入した干草を与える（左）。斃死したラクダ（右）

をみても、2000-2001年、2005-2006年、2008-2009年、2011-12年（東アフリカ大旱魃）、2016-17年、2021-22年と、毎年のように旱魃がおきているのである。そして旱魃がこれほどまでに頻発すると、牧畜民は家畜群を再建できなくなってしまう。牧草が十分に回復しなければ家畜の回復も遅れることになるし、そもそも元手となる家畜がさらに減ってしまうからだ。

　次に、民族紛争の激化が、牧畜民を苦しめている。南エチオピアでは2005年に大規模な紛争がおき、その後も毎年のように民族間の境界では、殺人や傷害事件が勃発している。北ケニアでも国会議員選挙が行われるたびに、民族間に「敵」「味方」の境界線が引かれ、紛争が発生している。こうした紛争の原因として、政治的変数（民主主義、民族の違い、宗教の分裂、植民地の遺産など）の影響力よりも、降雨の有無こそが大きな影響を与えているという議論もある［サックス2009］。旱魃と紛争はセットでやってくるというのだ。こうした状況の中、かつては異なる民族が住む地域に放牧キャンプを送り込むことも可能であったが、近年は、「敵」と見做される民族が住む地域には、放牧キャンプを出しにくくなってきた。まして旱魃の際には、そうした地域に行くことは難しい。牧畜民は二重苦に喘いでいるのである。

　また、農耕民が進出し、農地を私有することで、牧畜民の放牧地が減ってきた。牧畜民も農耕民に対抗して、放牧地の囲い込みを進めている。村ごとに広い土地を囲い、共同牧草地として管理する。雨季のあいだは牧草を茂らせて、乾季に利用するのである。こうした土地の囲い込みは、至る所でおこなわれている。その結果、牧畜民は、他の地域に放牧キャプを出しにくくなってきた。なぜなら、どこに行っても農地や、柵で囲われた他の牧畜民の放牧地だらけ

で、自由に放牧できる空間が少なくなっているからだ。

　今や、乾季に放牧できるのは共同所有する放牧地か、個々人が農耕民にお金を払って利用する畑に限られている。さらに旱魃が厳しくなれば、個々人が配合飼料を購入する。自由な放牧から、共有地での共同放牧へ、さらには私的な空間（畑）での放牧へと変容しつつある。けれども、共同牧草地や畑での放牧は、草を食べるウシには適するものの、木の葉を好むラクダには適さない。ラクダは木々が繁る広い土地で放牧する必要があるのだ。

　困難な状況においても、牧畜民はラクダが放牧できる地をさがし、旱魃を乗り越えようとしている。しかし頻発する旱魃は、人々の努力では乗り越えられないほどのインパクトを与えているようだ。地球温暖化は、自然に強く依拠して暮らす人々の生活に大きな影響を与える。そして、東アフリカ牧畜民の未来は、遠く離れた私たちの暮らしと無関係ではないのである。

参考文献

坂田隆
　1991　『砂漠のラクダはなぜ太陽に向くか？──身近な比較動物生理学』東京：講談社。

佐藤俊
　1984　「東アフリカ牧畜民の生態と社会」『アフリカ研究』24: 54-79.

ジェフリーサックス
　2009　『地球全体を幸福にする経済学』（野中邦子訳）、東京：早川書房。

曽我亨
　1998　「ラクダの信託が生む絆」『アフリカ研究』52: 29-49.
　2004　「個人と共同体の相克」田中二郎・菅原和孝・太田至・佐藤俊共編『遊動民』340-362頁、京都：昭和堂。
　2007　「〈稀少資源〉をめぐる競合という神話──資源をめぐる民族関係の複雑性をめぐって」松井健編『自然の資源化（資源人類学 第6巻）』205-249頁、東京：弘文堂。
　2008　「ガブラ・ミゴ──難民として、ゲリラとして生きた20世紀」綾部恒雄監修、福井勝義・竹沢尚一郎・宮脇幸生共編『サハラ以南アフリカ（講座世界の先住民族5）』161-182頁、東京・明石書店。
　2012　「国家に抗する拠点としての生業──牧畜民ガブラ・ミゴの難民戦術」松井健編『生業と生産の社会的布置』389-426頁、京都：昭和堂。
　2019　「難民を支えたラクダ交易」太田至・曽我亨編『遊牧の思想──人類学がみる激動のアフリカ』91-115頁、京都：昭和堂。

O'Leary, M.F.
　　1985　*The Economics of Pastoralism in Northern Kenya: The Rendille and the Gabra* (Technical Report Number F-3), Integrated Project in Arid Lands, Unesco, Nairobi.
Soga, T.
　　2006　Changes in Knowledge of Time among Gabra Miigo Pastoralists of Southern Ethiopia, *Nilo-Ethiopian Studies* (10):23-44.
Schlee, G.
　　1989　*Identities on the Move: Clanship and Pastoralism in Northern Kenya*, Routledge, London.
Tablino, P.
　　1999　*The Gabra: Camel Nomads of Northern Kenya*, Paulines Publications Africa, Nairobi.
Torry, W.I.
　　1973　*Subsistence Ecology among the Gabra*, Ph.D. thesis, Columbia University.
Wilson, R.T.
　　1984　*The Camel*, Longman Group Ltd., Harlow, Essex.

第3章　ラクダ牧畜の現在
中国内モンゴル自治区エゼネー旗の事例から

児玉香菜子

はじめに

　意外に思われるかもしれない。世界的にラクダの頭数は 1961 年の約 1288 万頭から 2020 年までの 59 年の間に約 3865 万頭、3 倍も増えている[1]。この増加を担ってきたのは主にアフリカのヒトコブラクダで、2020 年現在、実に世界のラクダ頭数の 87 パーセントを占め、その用途は肉生産とミルク生産である[2]。ラクダのもう一つの品種であるフタコブラクダは主にモンゴル国と中国で飼養されている。その特徴は乾燥に加えて寒冷にも適応できる点にあり[今村 2020]、その主要な役割は「沙漠の船」と呼ばれたようにその運搬力[第 9 章参照]と寒冷に適応するために発達した毛である[第 8 章参照；児玉 2019]。フタコブラクダは、このように運搬力と毛が利用されてきたが、他方で肉とミルクは長く商品化されず、肉が食用されるようになるのは 1950、60 年代から、ミルクは長く自家消費用であった[山崎 1997; 児玉 2019]。こうしたなかで、ラクダの頭数は減少が続いてきた。ところが、2010 年代になると一転して、ラクダの頭数は増加に転じる。背景にあるのは世界的な動向と軌を一にした、ラクダ肉とミルクの増産である[児玉 2021]。と同時に、観光業の発展の影響も大きい。フタコブラクダがなぜ今増えているのか。ここでは 2010 年代からラクダが増加に転じた地域の一つである中国内蒙古（以下、内モンゴル）自治区モンゴル西部ゴビ・オアシス地域エゼネー[3]

---

1)　国際連合食糧農業機関（FAO）がウェブサイトに公開しているデータベース FAOSAT（https://www.fao.org/faostat/en/#data）による。

2)　2008 年までの各国のラクダ頭数の変化、肉生産とミルク生産については坂田［2011、2012］に詳しい。

3)　エチナと表記することもあるが、本章ではモンゴル語の発音により近い、エゼネーと表記する。

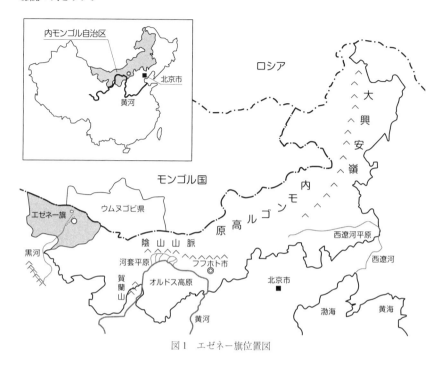

図1　エゼネー旗位置図

（額済納）旗 [4] を事例にその現状を詳しく紹介したい [5]。

1　内モンゴル西部ゴビ・オアシス地域——エゼネー旗

　エゼネー旗は内モンゴルの最西端に位置し（図1）、その面積は10.2万k㎡で、日本の約4分の1という広大な面積をもつ。

　エゼネー旗の年降水量は人民政府所在地でわずか39mmである [6]。しかし、エゼネー旗の標高は相対的に低地にあるため、黒河上流に位置する祁連山脈に降り積もった降雪と降水が河川となって流れ込んでいる。それが、内陸河川、黒河

---

4)　内モンゴルにおける行政区の名。中国の県に相当する。

5)　特に明記しない限り、2019年のエゼネー旗におけるフィールド調査および額済納旗統計局資料、額済納旗誌編纂委員会 [1998]、額済納旗人民政府 HP（http://www.ejnq.gov.cn/）にもとづくものである。

6)　額済納旗気象局のデータ（1957年〜2001年）より算出。

写真1　礫砂漠ゴビ（2004年11月、筆者撮影）

写真2　ゴルと呼ばれるオアシス（2003年8月、筆者撮影）

である（図1）。そのため、エゼネー旗の土地景観は広大な礫砂漠「ゴビ」と、礫砂漠に流れ込む河川および河川沿いに形成されたモンゴル語で「ゴル」とよばれるオアシスである（写真1、2）。

　エゼネー旗は過去60年間に激しい自然環境の変化を経験してきた。それは黒河流入水量の減少による地下水位の低下と水質悪化、それにともなうオアシスの荒廃である［児玉2012］。

　広大な面積をもつエゼネー旗であるが、人口はわずか1万9118人（2019年現在）[7]にすぎない。

　エゼネー旗の主な生業は牧畜と農業であったが、近年は鉱業生産やモンゴル国との交易、とりわけ石炭の輸入が盛んである。また、鉄道、空港、高速道路

　7）　これは戸籍人口で、常住人口は2万7140人である。

が開通し[8]、観光業は非常に盛んになっている。その目玉はカラ＝ホトと呼ばれる歴史遺跡とオアシス内の胡楊[9]林である。紅葉シーズンである10月は国慶節[10]の大型連休にあたることもあり、9月末から10月中旬の20日から25日ほどの間にたくさんの国内旅行客を迎える。なんと、2019年のエゼネー旗国内外観光客数は809万8400人で、観光総収入は77.75億元[11]にものぼるという。こうしたなかで、エゼネー旗のラクダ飼養が劇的に変化しているのだ。その変化をまずラクダの頭数増加とその要因から探ってみたい。

2　ラクダ頭数と利用の変化

　エゼネー旗のラクダ頭数の変化をみると（図2）、1982年まで増加を続け、その後は減少に転じ、2006年に下げ止まる。その後は横ばいが続いたのち、2010年代から増加に転じる。2020年現在、ラクダの頭数は2万3402頭である。

　エゼネー旗におけるラクダの主要な利用法は騎乗、運搬、毛、ミルク、肉であった［児玉2019］。ラクダの食肉利用は先述したように新しく、1950年代からである。1980年代以降、バイクや自家用車が普及し、運搬利用は姿を消し、騎乗利用は限定的になる。2000年代には、水資源の減少と干ばつが原因で、ミルク利用はほぼ皆無となり、主な利用はラクダ毛と生体売却（家畜を生きたまま売ること）のみとなっていて、この2つが主要な収入源であった。［児玉2019］。搾乳をはじめ、運搬、騎乗利用などは人がラクダに直接触れて利用するという共通点がある。これらの利用が減ってしまったために、人とラクダが馴染むことがなくなり、ラクダの気性が荒くなってしまったとさえいわれる［サランゲル・児玉2010: 193][12]。

---

8)　旅客を運ぶ鉄道が開通したのは2010年で、経路は内モンゴル首府フフホト市からエゼネー旗までである。空港が開港したのは2013年で、航路は西安─アラシャー左旗－エゼネ─旗である。高速道路が開通したのは2017年で、京新高速（G7）と呼ばれ、北京と新疆ウイグル自治区首府ウルムチを結ぶ高速道路である。

9)　ポプラの一種。学名は *Populus euphratica* Oliv.。

10)　建国記念日、10月1日。毎年10月1日を含む1週間の大型連休となる。

11)　1元あたり15.97円（2019年）。

12)　他地域であるが、ラクダを飼養する漢人はラクダに1歳時からオモガイを付けて慣らすことをしないため、ラクダが飼い主にあまりなつかず、半野生化する傾向があることが報告されている［白2017: 93］。

図 2　エゼネー旗におけるラクダ頭数の変化 1949 年〜 2020 年

データは 1949 年から 2003 年までは額済納旗統計局資料、2004 年から 2010 年までは李靖主編［2013:
304-305］、2011 年から 2016 年と 2018 年から 2020 年は阿拉善盟統計局 HP（http://tjj.als.gov.cn/）、
2017 年は額済納旗 HP による。2018 年から 2020 年の頭数は 6 月末のもので、それ以外は年末。

3　ラクダ頭数の増加とその背景

　このようにエゼネー旗では 2000 年代までラクダの数は減少し、ラクダ飼養は
衰退の傾向にあった。それが一転してその頭数が増加しはじめるのが 2010 年代
である。一体何が起きているのか。その背景には主に以下の二つがある。

1　家畜数制限政策の対象外

　内モンゴル全域で、2000 年代以降、牧畜民の飼養するヒツジとヤギに対して
国家政策として飼養制限が課されるようになった。これは自然環境劣化の原因
はヤギとヒツジにあるとし、その放牧や頭数を制限するものである。具体的に
は、この政策は退牧還草政策といい、①放牧を禁止する「禁牧」、②牧草育成期
における放牧禁止または必要に応じて一定期間の放牧を禁止する「休牧」、③
放牧地を区分してローテーションで放牧する「区輪牧畜」、および「家畜頭数
制限政策」である。しかし、ラクダはこれら政策の対象外であった。その理由
はラクダが国家二級保護動物かつ自治区一級保護動物であったことによる［白
2017］。ラクダは家畜数制限政策の対象外であることから、頭数を増やすことが
可能であった。

2　環境政策補助金の影響

　ヤギとヒツジの頭数制限に対して補助金が 2007 年から牧畜民に支払われるよ

うになった。2019 年でその額、1 人年間 2 万余元である。これは 2019 年時のエゼネー旗の農村牧畜地域の 1 人当たりの年総収入の 2 万 5276 元とほぼ同額である。これだけの現金収入が補助金によってまかなわれているため、ラクダ毛の収入に加えて、さらに収入を得るためにラクダを売却する必要性は低くなる。むしろ、ラクダを増加させることは、ラクダ毛の収入増加につながるのだ。

4　新しいラクダ利用

　ラクダが増加した背景には、新しい利用方法が加わり、大きな収入源になりつつことがある。それは観光客向けラクダ騎乗体験とラクダミルクの商品化である。

1　観光客向けラクダ騎乗体験による収入
　紅葉シーズンにやってくる観光客相手にラクダ騎乗体験が広く行われるようになり、今や大きな収入源の一つになっている。片道 500m で 100 元、往復 200 元で、子どもや若者に人気があるという。とくに白いラクダが人気とのことで、白ラクダの種オスを導入したいと話す牧畜民もおり、観光客の好みがラクダの飼養に反映されるようになっていくであろう。

2　ラクダミルクと乳製品の製品化
　近年、ラクダミルクとその乳製品が健康飲料として注目をあびている。ラクダのミルクでつくられた乳製品は血液を浄化し、脳梗塞や動脈硬化などの病気予防と治療、とりわけ糖尿病によいとされている［白 2017: 97］。こうしたラクダミルクの評価の高まりを受けて、エゼネー旗でもラクダミルクおよびラクダミルクを原料とする乳製品の販売が行われるようになりつつある。

5　ラクダ利用の再活性化を支える
モンゴル国からの出稼ぎ牧畜民とラクダ搾乳場

　過去 10 年の間に、エゼネー旗ではラクダ利用が活性化した。とりわけ、これまでほとんど利用されなくなっていた騎乗利用とラクダのミルク利用が観光化と健康ブームのなかで再び利用されるようになったのである。しかし、このラ

クダ復活の兆しの陰で、実は、エゼネー旗ではラクダの騎乗訓練と搾乳が久し
く実施されていない間に、ラクダが人慣れしなくなり、かつ、ラクダの騎乗訓
練や搾乳ができる人が少なくなっているという問題が生じていた。それを補う
形で登場したのがモンゴル国からの出稼ぎ牧畜民とラクダミルク搾乳場である。

1　モンゴル国からの出稼ぎ牧畜民が支えるラクダ飼養

　騎乗訓練はそれ相応の技術と経験が必要で、容易ではなく、かつ、親戚や近
隣の助けを借りる、つまり人手が必要である［白 2017: 93; 第7章参照］。その騎乗
訓練を担ってくれるのがモンゴル国からの出稼ぎ労働者で、1頭 500 元で調教し
てくれるという。出稼ぎ労働者は主にエゼネー旗に隣接するウムヌゴビ県やバ
ヤンホンゴル県出身の牧畜民であるという。

　背景にはモンゴル国籍保有者は中国にビザなしで1か月滞在が可能であるこ
と、ウムヌゴビ県（図1）は 1970 年から現在まで一貫してラクダ飼養頭数でモン
ゴル国第1位で [13] ラクダ飼養が盛んであることがある［小宮山2010］。さらに、モ
ンゴル国とエゼネー旗の経済的な格差は大きく、ウムヌゴビ県の 2019 年の1人
当たりの年収入はエゼネー旗の補助金を含めた額の約半分である。さらに、牧
畜民人口の違いもある。たとえば、ウムヌゴビ県の 2019 年の人口は6万 9187 人
で、そのうち牧畜地域の人口は4万 2445 人であるのに対し、エゼネー旗の人口
は1万 9118 人、そのうち牧畜・農村地域に暮らす人口は 6244 人にすぎず、実に、
その人口差は6倍以上にもなる。

　ほかにも、ラクダの毛刈りや観光客騎乗補助など、ラクダに関する作業にお
いてモンゴル国からの出稼ぎ牧畜民は重要な労働力になっていた [14](写真3)。ラク
ダの毛刈りや観光客の騎乗補助の日当は 2019 年時点で 200 元であった。ウムヌ

---

13) 2019 年のウムヌゴビ県のラクダ頭数は 15 万 7863 頭でモンゴル国で最も多く（モンゴ
ル国家統計局 HP http://www.1212.mn/）、エゼネー旗の7倍以上である。第2位はバヤン
ホンゴル県で5万 8091 頭、エゼネー旗の約3倍である。以下、特に明記しない限り、
モンゴル国に関する統計データはすべてモンゴル国家統計局 HP より入手、算出した
ものである。

14) ほかにもエゼネー旗人民政府所在地に居住するモンゴル人の子どものシッターや高齢
者の介護などもモンゴル国からの出稼ぎ労働者が従事するようになっている。子ども
のシッターの場合、日当 80 元、月 2400 元であるという。漢人シッターの場合、週5
日で1ヶ月 3600 元。モンゴル国の出稼ぎ労働者への需要は費用が漢人を雇用するより
安価だからである。加えて、同じモンゴル人で、言葉が通じ、食生活をはじめとする
生活習慣が近いことも大きい。

写真3　ラクダの毛刈り作業。モンゴル国からの出稼ぎ労働者とともに。(2019 年 5 月、筆者撮影)

写真4　ラクダミルク搾乳場（2019 年 5 月、筆者撮影）

ゴビ県でもラクダの毛は重要な収入源となっており［小宮山 2010: 49］、毛刈りは重要な作業であるが、時期はウムヌゴビ県の方が遅くずれているため、エゼネー旗に出稼ぎに来ることが可能になっている。

　ちなみに、出稼ぎ労働者の募集は SNS のメッセージアプリ Wechat（微信）を通じて行われている。SNS アプリ内に出稼ぎ労働者募集のグループがあり、そこで広く募集されることから、賃金が不当に値上がりすることもないという。

2　ラクダ搾乳場

　久しくラクダを搾乳することがなくなっていたため、いざラクダミルクを搾乳し、販売しようとしても、そう容易ではない。そこに登場したのがラクダミルク搾乳場である（写真4）。ここにメスラクダと子ラクダを預け、搾乳してもらうシステムだ。搾乳場ではラクダに飼料を供与し、搾乳してミルクを得て販売

写真 5　ゴビに設置された柵（2019 年 5 月、筆者撮影）

する。1 年も預ければメスラクダは搾乳行為に慣れ、大人しくなって戻ってくるという。

　ただし、ラクダミルクを安定的に得るには飼料供与が必須になっている。搾乳に馴らすだけでなく、飼料による肥育や搾乳の手間を省くという点からもラクダ搾乳場にラクダを預ける牧畜民が少なくない。これまでエゼネー旗の牧畜民はわざわざラクダに飼料を与えることはしてこなかった。ラクダミルクの商品化はラクダ飼養のあり方に大きな変化をもたらしている。

6　ラクダの柵内放牧

　このように 2010 年代以降、ラクダ飼養ブームとも呼べる現象が起きており、今ではラクダを飼養していなかった世帯でもラクダを飼い始める世帯が現れているという。ただし、そのラクダ飼養において今後大きな問題になるだろうと予想されるのが、ゴビの牧地の囲い込みである。

　内モンゴル全域で土地の使用権の分配が実施された結果、早いところで 1980 年代から牧地の囲い込みと柵内放牧が進んだ［児玉 2012］。エゼネー旗では同じようにオアシス内では牧地の囲い込みが進んだものの、広大なゴビでは牧地の囲い込みは行われず、ラクダは自由に放牧されてきた。現在、このゴビでも、地方政府の財政支援の下、牧地の囲い込みが進んでいるのだ（写真 5）。しかし、牧地の囲い込みは、長距離移動して牧草を食むラクダの習性に適さず、また分配された牧地内にラクダが好む植生がないなどの理由によって、ラクダが処分され、頭数が減少したことが報告されている［白 2017: 96; 大沼田・ウニバト 2022: 37］。

　さらに、囲いを超えて入ってしまう家畜をめぐって隣接住民との関係が悪化するという問題もある［楊 2001: 187］。エゼネー旗でも牧地が相対的に狭い牧畜民が他家の柵の中に入ってしまったラクダを放置してしまうことが発生している。ラクダ飼養ブームの下で進むゴビの囲い込みは、牧畜民どうしの緊張をより高めることになるであろう。

　今後エゼネー旗でもラクダ飼養をめぐるトラブルや頭数の減少が起きる可能性は決して低くない。

おわりに

　まさに、エゼネー旗のラクダ飼養は、国際・国内交流の隆盛に呼応して再活性化している。その状況を一変させたのが2020年にはじまった新型コロナウィルス感染症の発生である。エゼネー旗に出稼ぎにきていたモンゴル国出身者を中国政府は新型コロナ発生と同時にすべて帰国させた。また、エゼネー旗の国内観光客も減少した。こうしたなかで、ラクダミルクの製品化と販売は変わらず順調であるという。

　「ゼロコロナ」政策をとる中国において、今後エゼネー旗のラクダ飼養はどのように変化していくのか。確実に言えそうなことは、ラクダミルクの商品化とゴビの囲い込みによって、飼料供与による畜舎内でのラクダ肥育が進んでいくことである。すなわち、ラクダ飼養は開放的な放牧から、完全管理の畜産業へと変化していく道程にある。ラクダ牧畜は今、より大きな変化を迎えている。

　　［謝辞］本研究はJSPS科研費（18H03608）の助成を受けたものです。今村薫先生は筆者
　　　　を研究メンバーに加えてくださり、2019年のフィールド調査の機会を作ってくださり
　　　　ました。心よりお礼を申し上げます。
　　　　　フィールド調査にあたっては、とりわけ中央民族大学サランゲレル教授、エゼネー
　　　　旗在住のナスンデルゲルさんとツァガーンさんに多大なご協力をいただきました。こ
　　　　こに感謝の意を表します。

引用文献
今村薫
　　2020　「トルコのラクダ相撲——ラクダ利用と異種交配の視点から」今村薫編『中央
　　　　アジア牧畜社会研究叢書2　遊牧と定住化』103-119頁、名古屋：名古屋学院

大学・現代社会学部・今村研究室。

大沼田陽介・ウニバト
　2022　「環境変動に伴う牧畜民の生活変化——中国内モンゴル自治区スニド左旗ツァ
　　　　ガーンノール・ガチャの事例から」『千葉大学大学院人文公共学府研究プロ
　　　　ジェクト報告書』第 367 集、23-73 頁。
児玉香菜子
　2012　『「脱社会主義政策」と「砂漠化」状況における内モンゴル牧畜民の現代的変
　　　　容』（アフロ・ユーラシア内陸乾燥地文明研究叢書 1）、名古屋大学文学研究科
　　　　比較人文学研究室。
　2019　「フタコブラクダの食用利用と経済的利用——中国内モンゴル自治区アラ
　　　　シャー盟エゼネー旗の事例から」今村薫編『中央アジア牧畜社会研究叢書 1
　　　　牧畜社会の動態』29-48 頁、名古屋：名古屋学院大学総合研究所。
　2021　「モンゴル国と中国でのラクダ飼養頭数の変化——1961 ～ 2019」今村薫編『中
　　　　央アジア牧畜社会研究叢書 3　自然適応と牧畜』29-43 頁、名古屋：名古屋学
　　　　院現代社会学部文化人類学研究室。
小宮山博
　2010　「モンゴル国のラクダ飼養の現状——ウムヌゴビ県の事例から」『日本とモン
　　　　ゴル』44(2): 43-52。
坂田隆
　2011　「各国でのラクダの飼養頭数とラクダ乳およびラクダ肉の生産」『石巻専修大
　　　　学研究紀要』22: 53-64。
　2012　「主要ラクダ飼養国でのラクダ使用目的とラクダ乳およびラクダ肉生産の変
　　　　遷」『石巻専修大学研究紀要』23: 23-39。
サランゲレル・児玉香菜子
　2010　「エジネーのオーラルヒストリー（1）バダマ」『ユーラシア言語文化論集』12:
　　　　187-203。
白福英
　2017　「内モンゴル・オラド後旗のラクダ牧畜の現在」『季刊民族学』41(3): 87-100。
山崎正史
　1997　『モンゴル国ゴビ地域における遊牧技術体系に関する研究』京都大学博士論文。
楊海英
　2001　『草原と馬とモンゴル人』日本放送出版社協会。

額済納旗誌編纂委員会
　1998　『額済納旗誌』方志出版社。
李靖主編
　2013　『額済納旗誌。1991 ～ 2010 年』内蒙古文化出版社。

第4章　ラクダの識別と紛失ラクダの捜索

ソロンガ

　ラクダの放牧はヤギ、ヒツジと異なり、日帰り放牧をしない。そのため、ラクダがいなくなって他人のラクダの群れに混入したり、どこか遠くの牧地に逃げ去ってしまうことがよくある。しかし、牧畜民にとってラクダは大切な財産であり、一頭でも失えば、その損失は大きいので、必ず見つけ出さなければならない。ラクダが突然いなくなること、紛失ラクダを探すことはラクダ牧畜民においては日常茶飯事なのである[1]。

1　ラクダの所有識別

　ラクダがいなくなったときに備え、牧畜民はラクダに標識をつける。家畜の所有識別は「人為的な標によるもの」[波左間 2015：76] とされるもので、耳印、角型、焼印があげられている。調査地である内モンゴルのアラシャーでは、ラクダの所有標識には、以下の5つが使われている。

　1）焼印
　2）耳印
　3）はな木
　4）ペンキ
　5）ドゥージン

　これらの所有標識は、すべて世帯ごとに異なる。息子が結婚し、家から出る際は、本家の所有標識に他のマークなどを加えて、区別する。

---

1)　パシュトン遊牧民はこうした状況を「失せもの捜しの連続である」と表現している [松井 2001：189]。

総説：人とラクダ

1　焼印

　ウマの焼印と同じように、ラクダの焼印は重要な所有標識である。そして、焼印はラクダ牧畜民にとっては、家代々継続されてきた財産とも言えるほど重要なものである。

　焼印は他人の家畜と区別するための所有標識である。焼印の形状は家庭によりそれぞれである。放牧している家畜が他人の所有物と紛れてしまわないように、自らの所有物であることを示すのが焼印である。家畜が行方不明になったときは、その焼印が所有者の決め手となる。

　モンゴル語で、焼印はタマガと呼ばれる。焼印というと、モンゴル人は押された印あるいは印を押すための道具という意味に理解する。焼印についてのこれまでの研究の記述を以下にあげる。

　　　遊牧民は五畜（ウマ、ウシ、ラクダ、ヒツジ、ヤギ）に昔から焼印を押す習慣がある。焼印とは月、人間、動物、植物、物をモデルにして鉄で造った道具である。遊牧民は焼印を自分の所有する家畜を他人の所有する家畜と区別する時の証拠としている。モンゴルの遊牧民は昔から自分たちの千頭、万頭の家畜を毛色、特徴によって区別することもできる。だが、失踪した家畜を探すとき、あるいは他の群れと合流してしまった家畜を識別するとき、耳印と焼印を法的に動かない証拠とするのである。このため、モンゴル語には、「体には口が証拠、家畜には焼印が証拠」という諺ができた [S. Bürintogtoqu 1988: 363-364]。

　　　焼印は五畜の中で遠く離れた草原へ放牧するウマとラクダに押す標識である。ウマとラクダの後足と脇腹上に焼印を押す。つまり、目にはっきりと見えるところに焼いた鉄の道具で押された印を焼印という [S. Jambaldorji 2008: 70]。

　　　焼印は所有の群れを単位として管理する際に使われる所有標識である。その標識の形状は群れの繁盛、家族の安泰を象徴するものである。ラクダの焼印は目にはっきり見えるところに押した印を指す。アラシャーのモンゴル人はラクダの左右頬、左右わき腹、左右足に焼印を押す [ムンクジルガラ 2006: 74-76]。

これらの記述を総合して、焼印について以下のことがいえる。

①焼印が押される対象は五畜である。主にラクダとウマに押す。

②押された印の形状は、月、動物、植物などを象ったものである。

③目的は自分の所有する家畜を他人の家畜と区別するため、失踪した家畜を
　探す際の目印にするためである。

焼印の図柄と名称

　ラクダの焼印は他の家畜の焼印と同じように群れ単位でおこなわれ、各々家族のもつ焼印の形は異なる。さらに焼印の形によってそのシンボルも異なる。多くの場合は、群れの安泰と繁殖を象徴する意味をもつ。本章では焼印をつける道具のことを「焼ゴテ」と統一する。

　家畜の焼印の数は、325 に及ぶと言われている［D.Cagan 2005: 41］。セ・ジャンバルドルジは、24 類の 175 種のラクダの焼印を収集した［S. Jambaldorji 2008: 146-196］。ムンクジルガラは、アラシャー盟[2]におけるラクダの焼印を 115 種記録している［Möngjirgal2006: 217-221］。

　私はバダインジリン・ガチャでの現地調査では、73 種のラクダの焼印の形状と名称を収集した。表 1 はその収集したラクダの焼印の形と名称に基づいて、作成したものである。これらの焼印の形と名称は牧畜民が使っている、よく知られたものである。

　焼印の形は基本形と修飾部分からなる。まず基本形には、次のような類型と名称が見られる。これらの焼印の基本形の分類は調査地で多く使われている順である。

①天体の形を使用したもの（計 2 種類）
　　月、太陽
②家畜の道具を使用したもの（計 5 種類）
　　くつわ、はな木、アタブチ（腹帯を固める道具）、留め金、腹帯
③日常用具を使用したもの（計 11 種類）
　　金槌、火、宝石、分銅、ハサミ、釣、銛、貴石、銅銭、アイロン、耳飾り
④動物を使用したもの（計 1 種類）
　　魚

---

2)　盟とは、モンゴル自治区固有の行政単位で、日本の県よりもさらに広範囲である。

総説：人とラクダ

表1　ラクダの焼印

番号	焼印の図柄	呼び方	意味	種類
1		*saran tamaga*	月の形	天体
2		*dabhar saran*	二重月	天体
3		*shireetei sara*	台付きの月	天体
4		*hubchitai sara*	弦がついている月	天体
5		*shireetei hubchitai sara*	台付きで弦がついている月	天体
6		*hultei shireetei sara*	足のある台付きの月	天体
7		*nara sara*	太陽と月	天体
8		*hos sara*	背中を合わせた二つの月	天体
9		*bosoo sar*	縦の月	天体
10		*nara /hɵɵreg*	太陽・環形	天体
11		*nuden hɵɵreg*	目のある太陽	天体
12		*juujai*	くつわの環状道具	家畜の道具
13		*saran debisgertai juujai*	月の下敷き付きのくつわ	家畜の道具
14		*shireetei hebtee juujai*	台付きの横向きのくつわ	家畜の道具
15		*builan tamaga*	ラクダのはな木	家畜の道具

16		shireetei atabchi	台付きの腹帯を固める道具	家畜の道具
17		aral	留め金	家畜の道具
18		saran debisgertai aral	月の形を下敷きにした留め金	家畜の道具
19		olong	ラクダの腹帯	家畜の道具
20		jinstei olong	ジンス（官吏の帽子の上の小球）付きの腹帯	家畜の道具
21		alaha	金槌	日常用具
22		saratai alaha	月の下敷き金槌	日常用具
23		saran hureetei alaha	月の庭付き金槌	日常用具
24		jinstai alaha	ジンス付きの金槌	日常用具
25		gal tamaga	火	日常用具
26		chindamoni	魔法の宝石	日常用具
27		shireetei chindamoni	台付きのチンダモニ	日常用具
28		chindamonitai sar	チンダモニ付きの月	日常用具
29		tuuhai	分銅型	日常用具
30		saran debisgertai tuuhai	月の下敷き分銅	日常用具
31		shireetei tuuhai	台付き分銅	日常用具

32		*jinstei tuuhai*	ジンス付きの分銅	日常用具
33		*haichi*	ハサミ	日常用具
34		*degee*	釣型	日常用具
35		*sereen tamaga*	銛（もり）	日常用具
36		*mohoo seree*	鈍った銛	日常用具
37		*erdene*	宝物	日常用具
38		*jooson*	銅銭の形	日常用具
39		*iluur*	アイロン	日常用具
40		*suihe*	女性の耳飾り	日常用具
41		*jagsan*	魚の形	動物
42		*nudtei jagasu*	目のある魚	動物
43		*tal saran tosuurtai jagasu*	半月の受け台付き魚	動物
44		*hөbchitei saran tosuurtai jagasu*	弦付きの受け台をもっている魚	動物
45		*hultei shireetei jagsan tamaga*	足のある台付きの魚	動物
46		*aliman*	梨	植物
47		*tuur*	桃	植物

48		*hul*	瓢箪	植物
49		*onggi*	輪型（小さい）	幾何
50		*ɵrɵɵ onggi*	双輪	幾何
51		*shireetei ɵrɵɵ onggi*	台付きの双輪	幾何
52		*hultei shireetei onggi*	足つき台のある輪	幾何
53		*ɵrɵɵ onggitoi sar*	双輪のある月	幾何
54		*tushi*	四角形	幾何
55		*shireetei tushi*	台付き四角	幾何
56		*dabhar dɵrbeljin*	二重四角	幾何
57		*onggitai tushi*	四角い庭付きの輪	幾何
58		*sur*	三角型	幾何
59		*onggitai sur*	輪型付きの三角	幾何
60		*shireetei sur*	台付きの三角	幾何
61		*hultei shireetei sur*	足のある台付きの三角	幾何
62		*hureetei sur*	輪付き三角	幾何
63		*chindamonitai sur*	チンダモニがある三角	幾何

64		*Oilan tamaga*	渦巻きの形	幾何
65		*dabhar hθθreg*	二重環形	幾何
66		*helhe hθθreg*	つながっている環形	幾何
67		*nuden hθθreg*	目がある環形	幾何
68		*jθb ergesen has*	正しい向きのまんじ	幾何
69		*buruu ergesen has*	反対向きのまんじ	幾何
70		*sartai has*	月付きのまんじ	幾何
71		*shireetei has*	台付きのまんじ	幾何
72		*hultei shireetei has*	足のある台付きのまんじ	幾何
73		*tabu*	アラブ数字の5	数字

⑤植物を使用したもの（計3種類）
　　梨、桃、瓢箪
⑥幾何学模様を使用したもの（計5種類）
　　輪型、四角型、三角型、渦巻き、まんじ
⑦数字を使用したもの

　次に、焼印の修飾部分を見ると、シレー（台）、フゥブチ（弦）、フゥレ（足）、デビスゲル（敷物）、ヌド（目）がある。また、交差あるいは結びなどの位置関係、あるいは縦、横、左向き、右向き、下向きなどの向きで区別するものもある。
　牧畜民の焼印はこれらの基本形と修飾部分を組み合わせてデザインされている。これらの印象が意味するものは、家畜群の安泰と繁殖の祈願であるといわれる。

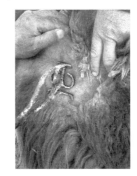

写真 1　焼ゴテで焼印をつける様子
（撮影：ソロンガ）

図 1　焼印を付ける部位

　焼印を押す部位は、後肢とその裏部、尻上、頬である（図 1）。各世帯によって焼印の部位も異なる。左右どちらにもつけることができるが、多いのは家畜正面から向かって左側である。逆に、後脚の裏部に焼印をつけることはまれである。この焼印は通常より小さく、他人に見られないようにつけるもので、これはラクダが盗まれて、ほかの印で自分のものと識別できない際の手がかりとしてつけられるものである。

　焼印の数は 1 か所の場合もあれば、2 か所の場合もある。2 か所以上の部位に焼印がつけられるのは、他人との交換や結婚の持参物として新しく群れに入ったラクダである。

　ラクダに焼印をほどこす際に、欠かせない道具は焼ゴテである。焼ゴテを調査地でガラ・タマガという。焼ゴテは鉄からつくられたものである（写真 1）。

2　耳印

　モンゴル語で、耳印のことをイムという。耳印については様々な定義がおこなわれている。耳印とは、牧畜民が自分の家畜を他人の家畜と区別できるようにつけた特定の標識であるという［S.Bürintogtoqu 1988: 364］。また、家畜の左耳と右耳を自分の特徴で切り取る、穴をほるなどの方法でマーキングすることを言う［Möngjirgal 2006: 77］。調査地において、B 氏の説明によれば、耳印とは、家族ごとに異なる形状で、家畜の耳をハサミで切り、自分の所有標識をつけることであ

る。また、A氏によると、家族ごとに家畜の耳に特定の切目をいれ、その左と右両耳に刻印された刻み目も様々であるという。耳印は、春の5月から6月の間に満一年を迎える子家畜に施す。

耳印の形と名称

　ラクダの耳印は他の家畜の耳印と同じように群れ単位でおこなわれ、各家族のもつ耳印の形は異なっている。

　私は現地調査を通じて、合計10種のラクダの耳印の基本形状を収集することができた。ラクダの耳印の基本形状を表2に示す。これらの基本形が耳の片側

表2　ラクダの耳印

耳印の形	名称	意味	刻み目の加工
	シゲジエ (*shigejei*)	小指	耳根の方から斜めに切込
	トゥグレゲ・オノー (*təgəreg onoo*)	丸いスリット	耳の先端を丸く切取
	オニ (*oni*)	三角・欠けた部分	耳先端を角付きで深く切取
	ジョース (*joos*)	銅銭	耳に穴をあける
	サマ (*sam*)	くし	耳を上からまっすぐ三つ切る
	タイリンハイ (*tairinhai*)	切り取った様子	耳の先端を切取
	シューレブル (*shuulbur*)	開く様子	耳先端からまっすぐ深く切込
	マラタマル (*maltamal*)	掘った様子	耳の上から丸く切取
	トゥグレ (*tugul*)	仔牛	耳の先端の半分を切取
	ツツゲ (*ceceg*)	花	耳に丸い刻み目をつける

ないし左右両側、上下、斜め、逆方向、あるいは片側につけられることで、様々な形状と特徴の耳印の組み合わせができる。なお、ここで挙げたものは、筆者による聞き取り調査で取得したものであり、すべてのラクダの耳印をまとめたものではない。

　①シゲジエは、耳根の上の方から斜めに切り込んで刻み目を入れる耳印である。一般に見られる耳印の形状であるという。
　②トゥグレゲ・オノーは、耳の先端を丸く切り取る形状の耳印である。
　③オニは、耳の先端を角付きで深く切り取る形状の耳印を言う。
　④ジョースは、耳に丸い穴をあける耳印を言う。
　⑤サマは、耳に上から3本の刻み目を入れる形状を言う。
　⑥タイリンハイは、耳の先端を切り取った形の耳印を指す。
　⑦シューレブルは、耳の先端からまっすぐ深く切り込む形状の耳印を言う。
　⑧マラタマルは、耳の上から丸く切り取った形状の耳印である。
　⑨トゥグレは、耳の先端の半分を切り取った形の耳印を指す。
　⑩ツツゲは、耳に弧の刻み目をつけた耳印である。

3　はな木

　ラクダの鼻に通してある「はな木」はラクダを調教し、使役する際に用いる重要な道具である（第7章参照）。
　この「はな木」をラクダ牧畜民はボイラと呼んでいる。調査地では、ラクダが2歳の時に「はな木」を刺す。群れのすべてのラクダに「はな木」をつけることはなく、将来的に騎乗、運搬などに利用する個体のみにつける（写真2）。
　アラシャー右旗の各地で使われている「はな木」には写真3、写真4のようなものが多く見られる。各世帯によって使う木の種類とボイラの大きさには多少違いがあるが、構造は同じである。「はな木」はゴル（gol）、タゲリ（tagli）、トブホ（tobuh）という3つの部分から構成される（写真3）。以下に、「はな木」の3つの部分について説明する。
　ゴルとは、ラクダの鼻を突き通す一つの先がとがっている棒である。ゴルにつかわれる木は調査地でよく見られるソハイ（学名は Tamarix ramosissima）という棘が少ない木である。棘が多く、折れやすい木は使わない。タゲリは、ゴルの片方の端にはめ込んだ、木でつくられた元宝銀の形状のものを指す。タゲリに使われている木もソハイである。以前は、ヤギの角でつくることもあったが、現

写真2　ラクダの「はな木」
（撮影：今村薫）

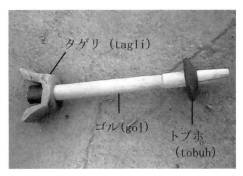

写真3　はな木の部位の名称（撮影：ソロンガ）

写真4　はな木の例
（撮影：ソロンガ）

在は作っていないという。トブホは、ゴルのとがっている側にはめ込んだ丸い板である。ヤギ、ヒツジの革あるいは木でつくられる。

　牧畜民は、ラクダを運搬や騎乗に使うために調教するときに、ラクダの鼻に通した「はな木」でコントロールする（第7章）。将来使役に使う予定のラクダが、2歳のときに「はな木」を刺す。「はな木」の形状はラクダの所有者によって異なる。また、「はな木」のタゲリ部に焼印のマークをナイフで刻む場合が多い。紛失ラクダが「はな木」を刺している場合は、その「はな木」の形とそれに付けられたマークが所有者の判別につながる。

4　ペンキ

　ラクダには、体に青色などペンキを塗ることがある（写真5）。この場合、色と

写真5　ペンキを塗ったラクダ

塗る場所は世帯ごとに異なる。塗られた色と場所でラクダの所有者がわかるようになっている。このように自分のラクダを識別するために、ペンキを塗ることを牧畜民はブダホという。色は特に決まっておらず、別の世帯で同じ色を用いる場合もある。

　ラクダにペンキを塗ることは焼印と耳印のような一生もつものではない。ペンキは時間がたつと、はげてくるし、毛刈りをすると毛と一緒に落ちてしまうこともある。

　この方法は、比較的に新しい識別方法である。ラクダを購入したばかりで、自分の所有標識がついていない場合によく使う。これは所有標識であると同時に、新しく群れに入ったばかりで識別が難しい個体に対する識別であるともいえる。この場合、他と同じ色のペンキを塗るが、ペンキを塗りたてなので色があせずに派手に見えるため、簡単に識別できる。

　また、焼印や耳印をしていない幼畜にペンキを塗ることも多い。これも所有標識であると同時に、識別が難しい幼畜に対しての個体識別にもなっている。

　結婚の際に新婦側が持参したラクダにペンキを塗ることもある。また、若い牧畜民はラクダの体毛、足跡、コブの形、体格などを覚えることに優れていないため、ペンキをよく利用する。ペンキを塗ることで、見慣れないラクダの個体を特定しながら、ラクダの身体のほかの特徴を覚えていくという。

5　ドゥージン

　ラクダ牧畜民は、ドゥージンというものをラクダの首にかけることで自分のラクダを識別している（写真6）。ドゥージンは、布と紐でつくられている。家族

写真6　ドゥージンの例
（撮影：ソロンガ）

ごとにドゥージンに使われている布とその色はそれぞれで、マークも違う。

　ドゥージンという言葉は、モンゴル語で「掛ける」という意味を示す。ドゥージンは手縫いだったが、最近はミシンで作ることもある。A氏の母親によると、ドゥージンを作ることは簡単な作業であるが、ラクダの頭数が多い場合は、手間がかかるという。A氏の使っているドゥージンは青い布に赤色のドーナツ型のマークを縫いつけた四角の布で、布の先端にラクダの毛で撚った紐を通したものである（写真6）。ドーナツ型のマークは、その家族の使っている焼印のマークと同じである。

　調査地では、春にラクダの毛刈をしてからドゥージンをかけるのが一般的であり、仔ラクダの頃からかけることが多い。ドゥージンは時間がたつと、紐が切れる場合があるため、なくなることもある。そのため、ドゥージンをなくした個体にかけなおすこともある。ドゥージンは、他の所有者の群れの中から自分のラクダをすぐ識別できる標識である。

　ドゥージンのもう一つの利点は、いなくなったラクダが死んだ場合にラクダを特定する標識になることである。紛失したラクダが何らかの原因で死んだ場合、夏の暑い時期は、すぐ腐ってしまう。腐ってしまうと、ラクダの身体的な特徴や耳印、焼印から特定することが困難になる。その時は、ドゥージンがあればすぐ特定できるという。

2　放牧におけるラクダの確認

　ここまで述べてきたラクダの標識は、ラクダが道に迷ったり、逃走したりし

写真7　夏季におけるラクダの放牧風景
（撮影：ソロンガ）

て紛失した場合や、他の牧畜民の群れに混ざってしまった場合に備えてラクダの所有者を明らかにするためのものであった。

　放牧などの日常の行動において、牧畜民はラクダの健康状態や安否を確認している。とはいえ、ラクダの放牧では、つねに牧夫が群れにつきそうことはない（写真7）。季節に応じて定期的に群れを巡回してラクダを確認するだけでこと足りるのである。

　ラクダ飼育の秋から春にかけては、水やりは2～3日に1回程度で、牧地にある井戸で水をやる。その際に近くからラクダを観察し、有無をチェックする。さらに、1日1回望遠鏡を使って家から群れを眺め、ラクダが自分の牧地にいるかどうかを確かめる。

　夏は雨が降り、泉、川、水たまりからラクダが水を飲むので、水やりをする必要はない。そのため、夏場は1か月に1回ラクダの生存を確認するのみである。

　牧畜民はラクダの有無を確認する際に、無個性の数として把握しているわけではない。ラクダの個体ごとに異なる性格、毛色、顔つきを記憶しており、放牧、水やりなどの際にラクダを細かくチェックしているのである。

①行動パターン

　ラクダには群れる習性がある。そのため、一頭だけふらりとどこかへ行ってしまうようなことは少ない。群れの中には、いつもかたまって行動している「グループ」がある。水場に来る際にも、このグループ単位で移動する。群れにおける行動パターンは、「牧地から離れず、ずっと群れと一緒に行動する」「いつも群れの先頭を走る」「群れの後ろについていく」など、個体ごとに異なる。

　水場では、「水を飲んでいる群れの中に、外から突っ込んでいく」「いつも水槽

の片側から水を飲む」「水を嫌う」「水槽の近くに来て、口から盛んに泡をふく」「水槽の水を見たら、きれいな鳴き声を出す」など、ラクダにはそれぞれ仕草に癖がある。これらからラクダを個体識別し、有無を確かめる。

②毛色

ラクダの毛色は、秋、冬、春は毛が厚く、色がはっきりしているため、毛色でラクダを識別しやすい。ただし、毛刈りが行われた直後の6月から8月は、毛色でラクダを識別することはできない。

牧畜民は、自分の所有するラクダが何頭いるのかを、ラクダの毛色ごとに把握している。そこで、確認の際、彼らはたとえば「白色ラクダ（○章参照）」に属するラクダだけを見つけ出し、順番に個体を確かめていく。同じ方法で「赤黄と赤のラクダ」や「赤色ラクダ」などのカテゴリーごとに、一頭ずつラクダを確認する。こうして、最終的に全頭を数え上げ、短時間のうちに群れ全体を把握できるという。

③顔つき

顔つきはラクダの成長に応じて変わっていくので、ラクダ牧畜民は、成長段階ごとの特徴をよく理解している。

幼畜は、「ひげ、まつげ、頭の毛が短い。頭が小さい。額が丸い。口が小さい」という特徴をもつ。若年ラクダは成長期なので、「目が丸くなり、口先（吻部）が尖って大きくなり、ひげ、まつげ、頭の毛が長くなる」。成獣になると、「頭が大きくなり、顔には穏やかな表情が出てきて、ひげと頭の毛がものすごくのびる」という特徴がある。そして、老齢になると「頭が非常に大きくなり、くちびると頬がたるむ」といった特徴が表れる。これらの特徴によって、個体識別している。

3　逃走場所の推理

牧畜民がラクダがいなくなったことに気づくのは、放牧中の群れを観察しているときや、水やりの際である。放牧中、いつもかたまって行動しているグループ内にいるはずのラクダがいなかったり、水場に姿を現さないラクダがいることがある。このような紛失ラクダは1頭のときもあれば、複数の場合もある。ラクダがいなくなったことが分かると、牧夫は速やかに捜索に入る。

まず、紛失に気づいた場所の近くを探す。いなくなったラクダの特徴を思い出しながら、群れの間を回って探す。

　次に、牧地内をバイクで探し回る。ラクダは自分の餌場（牧地）を覚えており、牧地から遠くへ離れることはほとんどない。牧地には、宿営地から近い牧地と宿営地からおよそ8〜10km離れている遠くの牧地があり、状況に応じて牧地を巡る。

　探索するときは、以下の判断材料を使ってラクダの居場所を推察する。

①牧地の状態

　ラクダは、ふだん宿営地周辺に放牧されているが、草が悪くなってくると良い草と水を求めて遠くへ移動する。そのため、いつもと異なる遠方の牧地に探しに行く。

②季節

　季節におうじて、探す場所を特定する。

　春は風が強く、ラクダは追い風に乗って温かい低地に移動し、そこで横になって休んでいることがある。

　夏は、朝と夕方の涼しい時に採食し、暑い昼間は泉や川など水のあるところに移動することが多い。

　秋は、風を向かって涼しい場所へ移動して草を食べる。

　冬は寒いため、ラクダは風の状勢を見て、追い風に乗って歩いていく。

③天候

　突然、天気が変わると、ラクダは進む方向を変える習性がある。

④足跡

　ラクダは、足裏の紋様と形、爪の大きさ、歩く力がそれぞれ個体によって異なるため、足跡も異なる（第5章参照）。そこで、足跡で個体識別し、行き先を追跡することができる。しかし、足跡は風雨でかき消されて中断することがある。そのときは、残った足跡の向きからラクダの行き先を判断する。

⑤糞と尿の状況

　ラクダが夜を過ごした場所に残された糞や尿の乾き具合、糞や尿を排泄した方向からラクダの行動を推測する。

　以上の手掛かりをもとに、ラクダが逃走したと思われる範囲を捜索する。牧地を中心に数日間探しても見つからない場合は、いよいよ近隣の牧畜民にいなくなったラクダの特徴を伝えて、何らかの情報を求めることになる。

4　紛失ラクダの情報

　牧地内を捜索しても見つからないラクダは、モンゴル語で「ゲースン・テメー（紛失したラクダの意味）」、あるいは「ゲーゲデグスン・テメー（紛失されたラクダ）」と呼ばれる。

　そして、近隣の牧畜民にラクダが逃げて見つからないことを伝えるが、その手段は、現在、携帯電話やSNSである。調査地では、最近はWeChatというSNSアプリを通じて文章と写真をアップロードするか、もしくはラクダの特徴を音声メッセージで発信していた。

　所有者が他の牧畜民に知らせる紛失ラクダに関する情報は、大きく2つにわけられる。

　1つはラクダの身体的特徴に基づく識別標識で、具体的には性別と年齢、毛色、コブの形、体格、足跡である（第5章）。

　紛失ラクダのコブの形も重要である。フタコブの傾斜の程度と方向、またコブ間の距離など特徴（第5章）を表す名称を相手に伝える。ラクダのコブの傾斜の程度と大きさは、ラクダの太り方と関連している。ラクダが太っていることを、モンゴル語でタラガ[3]という。牧地が良い時は、ラクダが肥えて、ラクダのコブが縦長にたつ。牧地が悪化した時は、ラクダの肉も落ちるし、コブが傾いて片方に倒れることが多い。何か月にわたって探しても見つからない個体は、コブの形が変わってしまう可能性がある。そのため、時間がたつほどコブ以外の特徴、たとえば体格や足跡の特徴などが個体情報として重要になってくる。ただし、体格や足跡による個体識別は、経験豊富な一部の牧畜民にのみ可能である。

　もう一つは所有標識で、前述したように、焼印、耳印、はな木、ペンキの色、ドゥージンである。

　これらの識別に関する情報のうち、そのラクダの特徴をよく表す2〜3個の標識を組み合わせて伝える。

---

3)　モンゴル語で夏のタラガをウソン・タラガという。これは水太りの意味である。秋のタラガをトソン・タラガという。これは油太りの意味である。

図 2　紛失ラクダの情報

5　紛失ラクダ「指名手配書」の事例

　どのように紛失ラクダの情報を伝えているのかを、紛失ラクダの情報を載せた「指名手配書」の実例を示す（図2）。2019 年にラクダ牧畜民 C 氏がラクダを紛失した。このとき、紛失ラクダを探すため、SNS を通じてラクダ牧畜民のチャット・グループに紛失ラクダの情報を流した。このときは、近隣牧畜民のグループ 34 人に文章で情報を発信した。

　図 2 の文字はモンゴル縦文字である。この「指名手配書」には、紛失ラクダの情報と連絡先が書かれている。「指名手配書」を訳すと以下のようである。

　　左側の頬に「19」の焼印と左側の後肢に「8」の焼印をつけたインゲ（成メスラクダ）4 頭と、はな木を刺したばかりのグナ（3 歳オス）1 頭とトルム（2 歳）を探しています。はな木を刺したばかりのグナには右耳にタリンハイ（耳先を切った）という耳印があり、19 という番号のついたドゥージンがついています。トルムには左耳にチョールブル（耳に丸く穴をあけた）という耳印が付いていて、刺し縫いした赤いドゥージンに 19 という番号がついています。
　　このような印があるラクダを見つけたか、見たという情報を聞いたら、連絡をください。
　　（電話番号）1380473xxxx、1380473xxxx

以上の情報をまとめると、成獣メス 4 頭、3 歳オス 1 頭、2 歳（幼獣なので性別不明）

1頭の合わせて6頭のラクダを探している。焼印と耳印が決め手であり、幼い個体にはドゥージンをつけていることがわかる。

　紛失ラクダは、ほとんどが数日以内に見つかるので、このようなラクダの「指名手配書」が出回ることは、そう多くない。ラクダは生命力に優れた動物なので、原野にいても自力で生きており、数か月後に発見されることもある。このときの紛失ラクダも全頭が発見されたという。

参考文献

波佐間逸博
　　2015　『牧畜世界の共生論理──カリモジョンとドドスの民族誌』京都：京都大学学術出版社。

松井健
　　2001　『遊牧という文化──移動の生活戦略』東京：吉川弘文館。

S.Bürintogtoqu
　　1988　*Tabun qusigu mal-un neriidül.*（五畜名称要術）内蒙古科学技術。

D.Cagan
　　2005　*Mongol Ündüsüten-u ulamjilaltu tamagan soyol.*（モンゴル族の伝統焼印の文化）内人民出版社。

Möngjirgal
　　2006　*Alaša temegen soyol.*（アラシャーラクダ文化）内蒙古文化出版社。

S. Jambaldorji
　　2008　*Temege tengeriin amitan.*（ラクダ：天の動物）内蒙古人民出版社。

生物としてのラクダ

第5章　ラクダの分類と個体識別
内モンゴルの例から

ソロンガ

はじめに

　モンゴルの牧畜民はラクダ（フタコブラクダ）を1頭ずつ認識しているが、同時に群れとして把握し、管理している。これを支えているのがラクダをさまざまなカテゴリーで分ける分類体系である。ラクダの分類には、まず、一般的な性と年齢によるものに加え、成長段階、さらにこれらがセットになったものがある。この性—年齢分類は、ラクダ利用と大きく関わっている。

　さらに、ラクダの個体識別として、毛色、コブ、体格、足跡という個体の特徴を表す名称がある。ただし、梅棹［1990: 521-522］が個別的特徴としてあげている斑紋、眼の色、癖については、モンゴルの牧畜民は特に名称を与えていない［Möngjirgal 2006: 74］。ラクダの糞と尿の状況によっても個体を識別するが、特に糞と尿による名称はない［Möngjirgal 2006: 156］。

　この章で扱うラクダの分類名称は、中国内モンゴル自治区の最西端に位置するアラシャー盟の牧畜民の調査から得たものである。アラシャー盟は、隣国のモンゴル国と接した地域でモンゴル人によるラクダの飼育が盛んにおこなわれている。アラシャーの牧畜社会の人々にとって、ラクダはモンゴル人の衣食住を支えてきた重要な家畜である。農業に適さない乾燥地で暮らす人々は、ラクダの肉と乳などを食糧にするだけではなく、ラクダを売却して得た現金によって穀物などを購入し、子供の学費や医療費を支払う。さらに、ラクダを人々の間で贈り、交換することで社会関係が保たれている。したがって、ラクダは最も重要な財産であり、内モンゴルの牧畜民はラクダを飼育し管理するための様々な知識を受け継いできた。ここでは、このラクダの分類を詳細に記述することで、牧畜技術の具体的な実践を描き出したい。

表1　成長段階と年齢による名称

成長段階	成長段階による名称	年齢	年齢による名称
幼畜	トロー（*tol*）	0〜1歳	ボトグ（*botog*）
		2歳	トルム（*torom*）
若年	ウスブリン・テメー（*osburiin temee*）	3歳	グナン・テメー（*gunan temee*）
		4歳	デウネン・テメー（*donon temee*）
		5歳	ジャルー・テメー（*zaluu temee*）
成年	ナス・グイツスン・テメー（*nas guicesen temee*）	6〜16歳	ブデゥーン・テメー（*buduun temee*）
老齢	ホゲシン・テメー（*hogšin temee*）	17歳以上	ホゲシン・テメー（*hogšin temee*）

1　成長段階、年齢と性別による名称

　モンゴル語でラクダをテメーという。ラクダは、成長段階によって大きく幼畜、若年、成年、老年という4つに分類される（表1）。

○幼畜はモンゴル語でトローと呼ばれる。生まれてから2歳まで母乳を飲み、離乳期に達した個体を指す。
○若年はウスブリン・テメーと呼ばれる。3歳から5歳までの個体を指す。ウスブリとは、「発育している、成長している」という意味である。ラクダの性別に関係なく体力、体格、外観などがはっきりする発育期の段階である。また交尾と妊娠が可能となるが、まだ完全な成獣とはみなされない。
○成年はナス・グイツスン・テメーという。6歳から16歳までの個体を指す。ナス・グイツスとは、「成長した、成年になった」という意味である。
○老齢はホゲシン・テメーと呼ばれる。ホゲシンとは、モンゴル語で「老いたあるいは老齢」の意味である。

　ラクダは、さらに年齢によって細かく分類される。ラクダの年齢は春の出産期から翌年の春の出産期までの1年が単位になっており、当年生まれから1歳と数えるので、日本語でいう「数え年」にあたる。春の出産期を境に名称が変わる。ちなみに、ラクダの寿命はメス・オスを問わず15歳〜17歳くらいといわれているが、20歳をこえるラクダもいる。

表2　年齢と性別による名称

成長段階	年齢	性別 メス		去勢オス		種オス	
		(外)	名称	(外)	名称	(外)	名称
幼畜	0〜1歳	オヒン・ボトグ (ohin botog)		ブーラン・ボトグ (buuran botog)			
幼畜	2歳	エメ・トルム (em torom)		エル・トルム (er torom)			
若年	3歳	グンズ (gunz)		グナン・タイラグ (gunan tailag)			
若年	4歳	インゲ (inge)	デュンジン・インゲ (donzin inge) ※	アタ (at)	シネ・アタ (šin at) △	タイラグ (tailag)	デュネン・タイラグ (donon tailag)
若年	5歳		インゲ (inge)		ジャルー・アタ (zaluu at)		ブーラン・タイラグ (buuran tailag) ※
成年	6〜16歳		インゲ (inge)		アタ (at)	ブール (buur)	ブール (buur)
老年	17歳以上		ホゲシン・インゲ (hogšin inge)		ホゲシン・アタ (hogšin at)		ホゲシン・ブール (hogšin buur)

※は交尾が可能になる段階をあらわす。△は去勢可能となる段階をあらわす。

　年齢によってラクダを1歳、2歳、3歳、4歳、5歳、6歳〜16歳、17歳以上という7つの年齢段階で呼び分ける（表2）。

　○1歳のラクダ、つまり当年生まれの幼畜をボトグと呼ぶ。
　○2歳の幼畜をトルムという。売却と毛の利用対象になる。
　○3歳のラクダをグナン・テメーと呼ぶ。グナンとは、ラクダ、ウマ、ヤギ、ヒツジ、ウシの五畜の3歳の段階を示すモンゴル語である。
　○4歳のラクダをデュネン・テメーという。デュネンとデュンジンとは、モンゴル語で五畜の4歳をあらわす名詞である。4歳の人間の子供に言う場合もある。
　○5歳のラクダはジャルー・テメという。ジャルーとはモンゴル語の「若年、あるいは若い」という意味である。
　○6歳から16歳のラクダはブデューン・テメーと呼ばれる。ブデューンとは、「成長した、おとなの」を意味する。
　○17歳以上はホゲシン・テメーという。

　また、性別・年齢をセットした名称がある。ラクダは幼畜の段階まで、つまり約3歳になるまでは基本的に性別を無視して、成長段階に応じてボトグ、ト

ルムと呼ばれる。メス・オスの区別が重要となってくるのはともに生殖活動が本格的に可能になる3歳およびその前後であるが、特にメス・オスを言及することが必要な場合には、呼び分ける（表2）。

　1歳のメスの仔ラクダはオヒン・ボトグ、オスの仔ラクダはブーラン・ボトグと呼ばれる。オヒンとは、モンゴル語の「娘」の意味である。ブーラン（buuran）とは、「ラクダの種オス」を示す形容詞である。

　当歳児であるボトグは、群れの繁栄を保証する新生命の誕生であるため、性別と関係なく個体の出産時期、哺乳状況、生まれた後の成長状態によってより細かく呼び分けることがある。ボトグの下位分類は以下のとおりである。

　生まれた順番や時期によってボトグを3つに分ける。出産時期において最初に生まれてボトグをウーガン・ボトグという。ウーガンとは、「最初」の意味である。出産時期において最後に生まれたボトグをオドホン・ボトグという。オドホンとは、「最小」の意味である。

　通常の出産時期から遅れて生まれたボトグをヘンズ・ボトグという。ヘンズとは、「生まれが遅い」という意味で、主にヒツジ、ヤギ、ラクダに用いられる。

　哺乳状況によって、ボトグをさらに呼び分けることもある。母ラクダが死んだボトグをウネチン・ボトグという。ウネチンとは「孤児」の意味である。

　自分の母ラクダ以外の乳をぬすんで飲むボトグをゴブシュール・ボトグという。ゴブシュールとは、「仔畜が乳をこっそり吸う様子」を表す形容詞である。

　母ラクダが死んだ或いは母ラクダに嫌われたボトグをほかのインゲ（母ラクダ）にペアリングして乳を飲ませること、およびその仔畜をアウールという。

　生まれた後の成長状態によってボトグを以下の4つに呼び分ける。

　生まれたばかりで、全身がまだ乾いてない時のボトグをサリストという。サリスとは、家畜が生まれたときに体についている液体（羊水）をさす。

　生まれて1週間後にしっかりと立つようになり、歩き始めたボトグをテレチレー・ボトグという。テレチレーとは、「家畜が四肢を動かして歩く様子」を表す形容詞である。

　母ラクダの乳だけを飲み、まだ草を食べられない時のボトグをニラハ・ボトグという。ニラハとは、「生まれたばかり」を意味する。

表3　メス、インゲの下位名称

	有	無
出産の経験	ハヤマル・インゲ（*haymal inge*）	ドングイ・インゲ（*dongui inge*）
人による搾乳	ハイドル・インゲ（*haidgul inge*）	
交尾中	ホサラン・インゲ（*husaran inge*）	エレメグ・インゲ（*eremeg inge*）〈交尾しても拒否して妊娠しない〉
妊娠中	ハイマル・インゲ（*haimal inge*）	ソバイ・インゲ（*sobai inge*）〈妊娠できなかった〉

　生後40日ほどたち、よく育って草を食べられるようになったボトグをフレベー・ボトグという。

　2歳の幼畜はトルムという（表2）。基本的に性別で呼び分けることはしないが、必要な場合は、メスはエメ・トルム、オスはエル・トルムと呼ぶ。「エメ」「エル」は、それぞれモンゴル語で動物のメス、オスを意味する。

　3歳以降は、メスとオスで分類の基準が変わる。3歳のメスはグンズと呼ばれる（表2）。グンズは五畜の3歳の段階を示すモンゴル語である。
　メスは4歳から交尾が可能になる。4歳以上のメスは年齢とは関係なく、成長段階と交尾可能な時期に応じてすべてインゲと呼ばれる。より厳密には、4歳のメスはデュンジン・インゲと呼ばれる。デュンジンとは、モンゴル語で「五畜の4歳」をあらわす。5歳から16歳の段階のメスは、すべてインゲという。17歳以上のメスをホゲシン・インゲと呼ばれる。

　興味深いことに、メスは年齢による区分とは別に、出産の経験、搾乳の状況、妊娠など生殖活動をめぐる状態によって細かく分類されている。アラシャー盟のラクダ牧畜民は、インゲをさらに出産の経験、搾乳の状況、妊娠によって以下のように呼び分けている（表3）。
　出産の経験があり、妊娠したばかりの個体をハヤマル・インゲ、未経産の個体をドングイ・インゲと呼ぶ。ハヤマルとは、モンゴル語で「捨てられた状況」を示す形容詞であり、ここでは仔ラクダを生んだことを示している。ドングイとは、「モンゴル相撲の1つの技あるいはこの技によって負けた様子」を表す言葉である。ここでは、アラシャー方言で「出産の経験がない」という状況を示す用語として使われている。

インゲは、搾乳の状況によっても呼び分けられる。

仔ラクダは死んだが、乳の出る個体をハイドル・インゲという。ハイドルとは、モンゴル語で「仔家畜が死んで、人に搾乳されている様子」を表す。ウシ、ヤギにも用いる。ハイドル・インゲは仔ラクダが死んだため、他の母ラクダよりも乳が多く搾れるので、夏まで搾乳用として利用されるという。

交尾状況によってもインゲは呼び分けられる。

交尾する時期の個体をホサラン・インゲという。ホサランとはモンゴル語で乳が出ているが交尾する時期のラクダ、ウマ、ウシに使われる言葉である。

交尾を拒否して妊娠しない個体をエレメグ・インゲという。エレメグとは、モンゴル語で「オスの特性がある」という意味の形容詞である。五畜のなかで、ラクダ、ウマ、ウシに使う。エレメグ・インゲのような特異な行動を示すメスは耐久性においてオスよりも優れているとされ、とくに騎乗用に調教されることがある。

インゲは群れの繁殖に深く関わるため、その妊娠状況は日常の放牧や群れ管理において特に注意を払われる。

交尾後、孕んだ個体をハイマル・インゲという。ハイマルとは、「見つかった」を意味する形容詞であり、「仔ラクダができた状況」を表す。妊娠する時期に妊娠できなかった個体をソバイ・インゲと呼ぶ。ソバイとは、五畜全般で妊娠できなかった成獣メスに用いる単語である。

次に、オスの名称分類について説明する。オスも、3歳以上になると性別が意識される（表2）。3歳のオスはグナン・タイラグと呼ばれる。グナンとはメスのグンズに対応するものである。

オスは基本的に3歳から去勢の対象になる。去勢オスのラクダは、年齢と関係なくすべてアタと呼ばれる。ただし、年齢によって呼び分けることもある。

4歳の去勢オスはシネ・アタと呼ばれる。シネとはモンゴル語で「新しい」を意味する。

5歳の去勢オスはジャルー・アタ、6歳から16歳の去勢オスはアタ、17歳以上の去勢オスはホゲシン・アタとそれぞれ呼ばれる。ジャルーとはモンゴルの「若年あるいは若い」を意味する単語である。ホゲシンとはモンゴル語で「老いたあるいは老齢」の意味である。

　去勢されていないオスを、年齢と関係なくタイラグという。4歳のオスはデゥネン・タイラグと呼ばれる。デゥネンとはメスのデゥンジンに対応し、モンゴル語で「五畜の4歳」をあらわす単語である。4歳の人間の子供を言い表す場合もある。

　オスは5歳から交尾が可能になる。通常、年齢とは関係なく、5歳以上の種オスはすべてブールと呼ばれる。年齢を区別する場合は、5歳の種オスはブーラン・タイラグ、6歳から16歳の種オスはブール、17歳以上の種オスはホゲシン・ブールといわれる。

　種オスは高齢になるにしたがい生殖機能が衰えるにもかかわらず、発情期には他の種オスの交尾の邪魔をする。また、同じ種オスを群れの中に長い間入れておくと、群れ全体のラクダの血統と品質が低下することに繋がる可能性がある。そのため、種オスは2年間から5年間の役目を果たしたら、去勢、あるいは他の牧畜民のラクダとの交換、さらには市場で売却される。

2　成長にあわせたラクダ利用

　ラクダは成長段階や年齢によってその利用と用途が異なる。牧畜民はラクダの成長具合や年齢をよく把握し、それに応じた方法で利用する。

　ラクダは幼畜、若年、成年、老齢という4つの成長段階に分けられ、さらに年齢ごとに利用目的が異なる（表4）。ラクダの利用方法には、肉と乳の食用、毛、皮の加工による利用、さらに生きた個体を売却する生体売却、騎乗と運搬などの動力利用がある。

　ラクダは生まれてから1歳までは、ほとんど経済的な利用はされない。やがて草を食べるようになり、離乳期に達して2歳になると、毛が利用されるようになる。ラクダを初めて毛刈りをする年齢は2歳である。その最初のときは、すでに抜け落ちそうになった毛を手で軽く取る。そして、首下、膝と首筋の毛をハサミで刈る。2歳ラクダの毛は柔らかいので、以前は自分たちの布団の中身に詰めたり、糸作りに用いていたが、現在は自家用には利用せず仲買人に売却する。

　3歳の時にオスは去勢し、調教してから騎乗と運搬に使役される。また、毛と糞も利用する。調教されていない去勢オスは、売却あるいは屠畜して肉と皮を利用する。一方、調教の済んでいる去勢オスは、未調教の若い去勢オスの調教の際に、よく伴走をさせたりする。4歳から5歳のラクダは、雌雄ともに、肉、

表4　ラクダの成長段階と年齢別利用

成長段階	年齢	食用		経済的利用			動力用		糞
		肉	乳	毛	皮	生体	騎乗	運搬	
幼畜	0～1歳	×	×	×	×	×	×	×	×
	2歳	×	×	○	×	○	×	×	×
若年	3歳	×	×	○	×	○	○	○	○
	4歳	○	○	○	○	○	○	○	○
	5歳	○	○	○	○	○	○	○	○
成年	6－16歳	○	○	○	○	○	○	○	○
老齢	17歳以上	×	×	○	×	○	×	×	○

○は利用あり、×は利用なし

乳、毛、皮、糞、騎乗、運搬のすべてに利用可能である。

　6歳から16歳までの成年の段階では、上記の利用において質量ともに優れており、さらに繁殖力が最も旺盛である。

　老齢の段階になるとラクダの利用価値が徐々に衰微していく。この段階では、肉と乳の食用、皮の利用、騎乗と運搬の利用対象にならないが、毛と糞は利用できる。

3　個体の形態的特徴による名称

　成長段階に応じた分類以外にも、牧畜民はラクダの毛色、コブの形、体格、足跡などによって個体識別し、それらに名称をつけて分類している。とくに、毛色とコブの形はラクダの識別に重要である。

1　毛色による名称
　ラクダの毛はその部位と色によって、それぞれ名称が異なる（図1）。まず、毛をモンゴル語でノースという。さらに、毛はラクダの身体部位によって異なる名称をもつ。ひげをサハレ、まつげをソルムス、頭の毛をウレブゲ、首筋（背面）の毛をシリン・ノース、コブの毛をブヘイン・トガ、胴体（側面から背面）の毛をゴル・ノース、尻尾の毛をスウーレイン・サチュガ、腹の毛をゲデスン・ノース、膝の毛をエブデゲイン・ノース、首（腹面）の毛をジョグドルという［図1：ムンクジルガラ2006］。

　毛質には柔毛と硬毛の2種類がある。柔毛はモンゴル語でノールールという。胴体と腹の毛は柔毛である。硬毛はモンゴル語でソルという。ラクダのひげ、

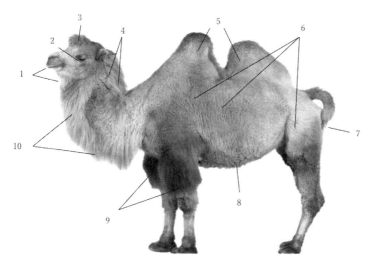

図1　ラクダの身体部位による体毛の名称
アラシャーのフタコブラクダ（撮影：ソロンガ）（部位による名称は Möngjirgal 2006 を基に作成）

【硬毛】
1. サハレ（*sahal*）：ひげ
2. ソルムス（*sormuus*）：まつげ
3. ウレブゲ（*orbeg*）：頭髪
4. シリン・ノース（*shirin noos*）：首筋の毛
5. ブヘイン・トガ（*bøhin tog*）：コブの毛
7. スウーレイン・サチュガ（*suulin sachig*）
　　：尻尾の毛

9. エブデゲイン・ノース（*øbdegin noos*）
　　：膝の毛
10. ジョグドル（*jogdor*）：首の毛

【柔毛】
6. ゴル・ノース（*gol noos*）：本体の毛
8. ゲデスン・ノース（*gedesen noos*）：腹の毛

表5　ラクダの毛色による名称

毛色の特徴	毛の色による名称（モンゴル語表記）	毛色の直訳
単色	オラン・テメー（*ulaan temee*）	赤
単色	フレン・テメー（*hʉreng temee*）	茶褐色
単色	ハラ・テメー（*har temee*）	黒
単色	シャル・テメー（*šar temee*）	黄色
単色	フヘ・テメー（*høh temee*）	青
単色	ツァガーン・テメー（*cagaan temee*）	白
単色	シャルガチ・テメー（*šaragc temee*）	卵色
二色	オラバル・シャル・テメー（*ulaabar šar temee*）	赤黄／赤
二色	ハラ・フレン・テメー（*har hʉreng temee*）	黒茶／色黒
二色	ホワー・シャル・テメー（*hua šar temee*）	浅黄色／白

まつげ、頭髪、首筋、コブ、尻尾、膝、首の毛は硬毛である。

　ラクダの毛色は単色と2色に2分される[1]。単色か2色かは、胴体と腹の柔毛の色と、首などの硬毛の色で判別する。「単色」は柔毛と硬毛が同色の個体である。「2色」は柔毛と硬毛が異なる色の個体である。

　ラクダの毛色を示す基本的な名称は10種類である（表5）。ラクダの毛色は、オラン（赤）、オラバル・シャル（赤黄）、フレン（茶褐色）、ハラ（黒）、ハラ・フレン（黒茶色）、シャル（黄色）、ホワー・シャル（浅黄色）、フヘ（青）、ツァガーン（白）、シャルガチ（卵色、薄黄色）の7色である。

　「単色」の毛色によるラクダの名称は以下のとおりである。

①オラン・テメーとは、全身が赤の毛色のラクダを指す。

②フレン・テメーとは、全身が茶褐色で、首の毛が深く赤い色に見えるラクダを指す。

③ハラ・テメーとは、全身が黒で、遠くから首と膝の毛がとりわけ黒く見えるラクダを指す。

④シャル・テメーとは、全身が黄色で、毛先と毛元が同じ色のラクダを指している。

⑤フヘ・テメーとは、全身の毛が青い（灰色）ラクダを指す。

⑥ツァガーン・テメーとは、全身が白いラクダを指す。

⑦シャルガチ・テメーとは、うすい黄色のラクダを指す。

　「2色」は全3種類で、その毛色によるラクダの名称は以下のとおりである。

⑧オラバル・シャル・テメーとは、全身が赤っぽい黄色で、首と膝の毛が赤く見えるラクダを指す。

⑨ハラ・フレン・テメーとは、全身が黒茶色で、首の毛が黒く見えるラクダを指す。

⑩ホワー・シャル・テメーとは、全身が白っぽく、首と膝が黄色のラクダを指す。

---

1)　ラクダの毛色を単色、2色、混色という3つに分類する地域もある［Möngjirgal 2018: 59］。

図2　ラクダのコブの形とその名称（次頁に続く）

①セレー・ブヘタイ・テメー

②ソヨー・ブヘタイ・テメー

③ソリボィ・ブヘタイ・テメー

④レゲ・ブヘタイ・テメー

⑤アヤス・ブヘタイ・テメー

⑥チャラガイ・ブヘタイ・テメー

2　コブによる名称

　ラクダはほかの家畜と違ってコブをもっている。内モンゴルのラクダのコブは2つある。このラクダのコブをモンゴル語でブヘという。牧畜民は、コブの形態とその状態によってラクダを分類する（図2）。ラクダのコブは2歳になるまでは小さく、形もはっきりしないが、2歳以上の個体はコブの形が明瞭になる。コブの大きさや、傾いたりする状態は、ラクダの栄養状態の影響も受けるが、基本的に、成獣のコブの形は変わらないという。

　ラクダのコブの名称は、地域によって異なる［ブヤントグトフ 1988］が、調査地で使われているコブの名称は以下の12種類である（表6）。

①セレー・ブヘタイ・テメー：フタコブが上縦になっているラクダを指す。セレーとは、モンゴル語で「フォーク」の意味である。ラクダのコブがフォークのような形に似ていることによる。

②ソヨー・ブヘタイ・テメー：前のコブが上縦で、後ろのコブが片側に傾いているラクダを指す。ソヨーとは「肉食獣の牙」のことをいう。ラクダの

⑦サブハン・ブヘタイ・テメー
（ソゾン・ブヘタイ・テメー）

⑧ホレボー・ブヘタイ・テメー

⑨ホイト・ブヘ・セレー・テメー

⑩ウメネ・ブヘ・レゲ・テメー

⑪ウメネ・ブヘ・ソリボィ、
オイト・ブヘ・セレー・テメー

⑫シャムン・ブヘタイ・テメー

　フタコブの形が牙の形に似ていることによる。

③ソリボィ・ブヘタイ・テメー：フタコブがそれぞれ別の方に傾いているラクダを指す。ソリボィとは、モンゴル語で「二つの物が同じ位置にあるが、同じ方向ではない様子」を表す形容詞である。

④レゲ・ブヘタイ・テメー：二つのコブが大きくて、傾きやすいラクダを指す。レゲとは、「垂れている様子」を表す形容詞であり、ラクダのコブが大きくて垂れていることをいう。

⑤アヤス・ブヘタイ・テメー：フタコブが片側に傾いているラクダを指す。アヤスとは、モンゴル語で「人間の物事や人に素直に従う性格」を示す。この用語を用いて、ラクダのフタコブが同じ側に傾いている様子を表している。

⑥チャラガイ・ブヘタイ・テメー：フタコブ間の距離が遠いラクダをいう。チャラガイとは、「遮るものがなく広い」という意味である。

⑦サブハン・ブヘタイ・テメー：フタコブが細く、縦長にたっているラクダ

表 6　コブの形による名称

番号	名称（モンゴル語表記）	コブの特徴
①	セレー・ブヘタイ・テメー（seree bohtai temee）	フタコブが上縦になっている
②	ソヨー・ブヘタイ・テメー（soyoo bohtai temee）	前のコブが上縦で、後ろのコブが片側に傾いている
③	ソリボィ・ブヘタイ・テメー（solbiu bohtai temee）	フタコブがそれぞれ両側に傾いている
④	レゲ・ブヘタイ・テメー（leg bohtai temee）	フタコブが大きく、傾きやすい
⑤	アヤス・ブヘタイ・テメー（ayas bohtai temee）	フタコブが同じ片側に傾いている
⑥	チャラガイ・ブヘタイ・テメー（calgai bohtai temee）	フタコブ間の距離が遠い
⑦	サブハン・ブヘタイ・テメー（sabhanbohtai temee）	フタコブが細く、上縦になっている
⑦	ソゾン・ブヘタイ・テメー（sozon bohtai temee）	フタコブが細く、上縦になっている
⑧	ホレボー・ブヘタイ・テメー（holboo bohtai temee）	フタコブ間の距離が近い
⑨	ホイト・ブヘ・セレー・テメー（hoitboh seree temee）	後ろのコブが上縦で、前のコブが片側に傾いている
⑩	ウメネ・ブヘ・レゲ・テメー（omonboh leg temee）	前のコブが大きく、両側に傾きやすい
⑪	ウメネ・ブヘ・ソリボィ、オイト・ブヘ・セレー・テメー（omonboh solbiu hoitboh seree temee）	前のコブが両側に傾いている、後ろのコブが上縦
⑫	シャムン・ブヘタイ・テメー（šaamn bohtai temee）	前のコブが頭方に傾いている

* 番号は図 2 の番号と対応する

をいう。サブハンとは「箸」の意味である。箸のように細くてまっすぐな様子でコブを表している。

⑦ソゾン・ブヘタイ・テメー：サブハン・ブヘタイ・テメーと同じコブの形のラクダを指す。しかし、コブがソゾンと似ている。ソゾンとは、中国の甘粛、内モンゴル、新疆の砂漠地帯で見られる肉質の寄生植物キノモリウム科オシャグジタケである[2]。

⑧ホレボー・ブヘタイ・テメー：フタコブ間の距離が近いラクダをいう。ホレボーとは、「物と物の間がつながっている状況」を表す言葉である。

⑨ホイト・ブヘ・セレー・テメー：後ろのコブが縦長で、前のコブが片側に傾いているラクダをいう。ホイトとは「後ろ」の意味である。ラクダの後ろのコブがフォークのような形である様子を表している。

⑩ウメネ・ブヘ・レゲ・テメー：前のコブが大きくて、それぞれ左右別の側

---

[2]　学名は Cynomorium songaricum rupr である。モンゴル標準語ではオーランゴヨー（ulangoyoo）という。ただし、アラシャー盟ではソゾンと呼ばれることが多い。

　に垂れているラクダを指す。

　⑪ウメネ・ブヘ・ソリボィ、オイト・ブヘ・セレー・テメー：前のコブが左
　　右のどちらかに傾いており、後ろのコブが縦長でたっているラクダを指す。

　⑫シャムン・ブヘタイ・テメー：前のコブが頭方に傾いているラクダを指す。
　　シャムンとは、「ラマ教の僧侶がかぶる帽子」である。

3　体格による名称

　牧畜民はラクダを見る際に、胸、骨格、四肢、首、尻、足などの特徴を識別
する。3歳以上のラクダは体が成長し、体つきの特徴がはっきりしてくる。

　ラクダの体つきをモンゴル語で「ベイ・ガラビリ」という。ラクダを飼育す
る地域によってラクダの体つきによる名称は異なる[3]。調査地では、10種類のラ
クダの体つきによる名称を収集した（表7）。

　①オチョゴル・テメーは、胸が高くて尻が低いラクダをいう。オチョゴルと
　　は、モンゴル語で「山と岩の険しい状態」を表す形容詞である。調査地で
　　はラクダの体つきの身長の高い様子を示す言葉として用いている。

　②ヤレハガル・テメーは、骨格が太い、腹が大きい、体が低いという特徴を
　　もつラクダをいう。ヤレハガルとは、モンゴル語で「大きい」という意味
　　である。

　③ドンゴゴル・テメーは、胸部分が低く、尻が高いラクダを指す。ドンゴゴ
　　ルとは、モンゴル語で「人や動物の尻が高い特徴」を現す形容詞である。

　④ゾンズガル・テメーは、四肢が長くて体が小さいラクダをいう。ゾンズガ
　　ルとは、「物の小さい状態」を示す形容詞である。

　⑤テンテゲル・テメーは、四肢が長くて体が大きいラクダをいう。テンテゲ
　　ルとは、モンゴル語で「人と動物のまるく太っている様子」を表す形容詞
　　である。

　⑥チュデゲル・テメーは、骨格が小さくて、腹が大きいラクダをいう。チュ
　　デゲルとは、モンゴル語で「体格が小さくて、腹が丸く太っている様子」
　　を表す形容詞である。

　⑦タンハガル・テメーは、首が長くて、背が高いラクダをいう。タンハガル

---

3)　ラクダの体つきによる名称について合計38種の名称が記録されている［S.Bürintogtoqu
　　1988: 201-202］。全アラシャー盟での収集を通じて、合計13種の記録がある［Möngjirgal
　　2006: 93-94］。

表7　体つきによる名称

名称 (モンゴル語表記)	体つきの特徴
オチョゴル・テメー（ocgor temee）	胸が高い、尻が低い
ヤレハガル・テメー（yalhgar temee）	骨格が太い、腹が大きい、体が低い
ドンゴゴル・テメー（donggor temee）	胸部分が下の方、尻が高い
ゾンズガル・テメー（zonzgar temee）	四肢が長い、体が小さい
テンテゲル・テメー（tentger temee）	四肢が長い、体が大きい
チュデゲル・テメー（cudger temee）	骨格が小さい、腹が大きい
タンハガル・テメー（tanhgar temee）	首が長い、体が高い
マイガ・テメー（maiga temee）	前足が内側に向いている
ラガラガル・テメー（laglgar temee）	四肢が短い、体が大きい、肉が多い
パガダガル・テメー（pagdgar temee）	四肢が短い、体が小さい、肉が多い

とは、モンゴル語で「人の背が高い様子」を表す形容詞である。

⑧マイガ・テメーは、前足が内側に向いているラクダをいう。マイガとは、モンゴル語で「歩行するとき、両足が外に曲がっている」様子を表す形容詞である。

⑨ラガラガル・テメーは、四肢が短い、体が大きい、肉が多いという特徴をもつラクダをいう。ラガラガルとは、モンゴル語で「太くて大きい様子」を表す形容詞である。

⑩パガダガル・テメーは、四肢が短い、体が小さい、肉が多い特徴をもつラクダをいう。パガダガルとは、モンゴル語で「背が低くて太い様子」を表す形容詞である。

4　足跡による名称

　ラクダの蹄はコブ程には目立たないが、他の家畜と比べて極立った形態的特徴と機能をもっている。それは、硬い蹄ではなく、全体に大きく、平たく、先端に割れ目をもつハート型で丸い形をしている（写真1）。他の家畜では砂が柔らかく、深いところでは足がめりこんで動きがとれなくなる。しかし、ラクダはこの蹄のおかげで砂漠を渡り切っていく。牧畜民はラクダの蹄の特徴をよく把握し、その足跡を識別して呼び分けている。

　モンゴル語で、ラクダの足裏をタバガ、爪をホムスという。足裏の紋および形、爪の大きさ、歩く力がそれぞれ個体によって異なるため、足跡も異なるという（表8）。ラクダの足跡をムレと呼ぶ。

生物としてのラクダ

表8　足跡による名称

名称（モンゴル語表記）	特徴
ドグイ・ムレタイ・テメー（dugui mortai temee）	両前足の蹄の形が丸い
ドゥルベレジン・ムレタイ・テメー（dorbeljin mortai temee）	両後足の蹄の形が長い
シュブゲレ・ムレタイ・テメー（šubuger mortai temee）	爪の元が合って、足跡が尖って見える
ホレボー・ホムスタイ・テメー（holboo humustai temee）	爪の先がくっついている
サラバガル・ホムスタイ・テメー（sarbagar humustai temee）	爪の先が広く離れている

写真1　ラクダの蹄

①ドグイ・ムレタイ・テメーは、足跡が丸くみえるラクダをいう。両前足の蹄の形が丸いという特徴から判断している。ドグイとは、モンゴル語で「丸い」という意味である。

②ドゥルベレジン・ムレタイ・テメーは、足跡が長くみえるラクダをいう。ラクダの両後足の蹄の形から識別している。ドゥルベレジンとは、モンゴル語で「四角」いという意味である。

③シュブゲレ・ムレタイ・テメーは、足跡が尖って見えるラクダをいう。爪の先が接近しているラクダの足跡である。シュブゲレとは、モンゴル語で「尖っている様子」を表す。

④ホレボー・ホムスタイ・テメーは、爪の先が完全に接合している様子の足跡をもつラクダをいう。ホレボーとはモンゴル語で「物と物の間がつながっている状況」の意味である（コブの形を表すものと同じ意味）。

⑤サラバガル・ホムスタイ・テメーは、爪の先が接合しておらず、広く離れている特徴をもつラクダをいう。サラバガルとは、モンゴル語で「木の枝のように外へ伸びている様子」を表す形容詞である。

まとめ

　本章では、ラクダの個体を表現する分類名称について述べてきた。年齢と性別などの成長段階による名称と、個体ごとの毛色、コブ、体格、足跡などの形態的特徴を表す名称である。

　これらの分類名称は、個体名として終生変わらぬ名前が付けられるのではなく、成長段階に応じて呼ばれる名前が変わる。とくに、成獣のメスラクダの繁殖に合わせた名称や、仔ラクダの誕生の時期や状態、哺乳状況によってより細かく呼び分けるのは、仔畜と母ラクダの保護と管理に関係があると考えられる。また、毛色やコブなどの形態的特徴は、その個体をアイデンティファイする呼び名として長期間使われる。とくに、紛失したラクダを探し出すときに、形態的特徴は人間同士がラクダについての情報交換するときに重要である。ラクダの体格と足跡による名称は牧畜民の経験によるものであり、その名称を使用し個体を識別することができるのは、年配の経験のある牧畜民のみである。こうした知識は、一人前の牧畜民になるために必要な知識として、牧畜民から牧畜民に継承されてきた社会的な共有知である。

引用文献

梅棹忠夫
　　1990　『梅棹忠夫著作集　モンゴル研究』東京：中央公論社。

Möngjirgal
　　2006　*Alaša temegen soyol.*（アラシャーラクダ文化）内蒙古文化出版社。
Möngjirgal、Go.Dügjirjab
　　2019　*Alaša-yin temege maljiqu soyol.*（アラシャー牧駝文化）内蒙古科学技術出版社。
S.Bürintogtoqu
　　1988　*Tabun qusigu mal-un neriidül.* (五畜名称要術) 内蒙古科学技術。

第6章 遺伝子から探る
ヒトコブラクダとフタコブラクダの雑種

川本　芳

1　ラクダ科動物の家畜化

1　ホモ・サピエンス以前

　「ラクダ」と聞くと、隊列をつくり砂漠を進む動物を思うかもしれない。しかし、砂漠以外に南米大陸には4000m以上の高山で生きる別の「ラクダ」もいる。生物分類ではこれらの動物を「科」という単位にまとめているので、ここではまとめて「ラクダ科動物」と呼ぶことにする。現在ラクダ科動物は南米大陸、ユーラシア大陸、アフリカ大陸、オーストラリア大陸に広く分布し、種としては野生種と家畜種がいる。かれらの共通祖先はかつて北米大陸にいて、現在は絶滅している。ホモ・サピエンスと現在のような関係を作るまで、彼らの進化には長い道のりがある（図1および1章参照）。

　旧大陸に現在分布するヒトコブラクダやフタコブラクダの系統（以後「旧大陸系統」）と新大陸に分布する系統（以後「新大陸系統」）は、4500万年前にいた共通祖先から北米で約1700万年前に分かれていたと考えられる。生物分類でふたつの系統は科のひとつ下の分類単位の「亜科」でラクダ亜科（Camelini）とリャマ亜科（Lamini）に区別されている。

　では故郷から新開地へ進出した系統の進化はどうなったのだろうか。新大陸に渡った系統には複数の系統がある。約300万年前に地続きになったパナマ地峡を南下したかれらは、南米大陸で独自の進化を遂げた。結局、現在残った4種類（後述）の子孫はこのうちのひとつの属から分化したと考えられている。現生種のすべてが、アンデスの高地環境に適応している。しかし、南米大陸の古生物学研究では、かれらの祖先が低地環境にもいたことがわかっていて、なぜ高地環境に特化した子孫だけが残ったのか、北米大陸でマンモスハンターとして活躍したホモ・サピエンスが、南米大陸で続けた狩猟活動が新大陸系統にどのような影響を与えたか、という疑問へはまだ明解な回答が得られていない。

　一方、ベーリング陸橋を渡った旧大陸系統は、650〜750万年前以降にユーラ

111

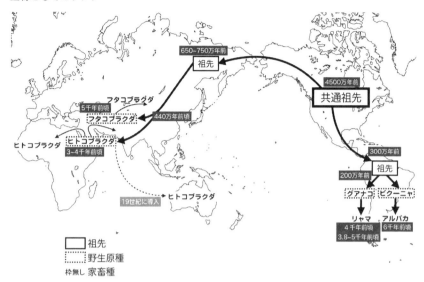

図1　ラクダ科動物の分布と進化および家畜化の概要（川本 2022 を改変）

シア大陸に拡大した（1章参照）。現在のヒトコブラクダやフタコブラクダは、約440万年前に共通祖先から分かれたと推定されている［Wu et al. 2014］。

2　ラクダ家畜化の背景

(1)生物学的背景

　現在の南米大陸には2種類の野生種と2種類の家畜種がいる。分子からの見直し［Kadwell et al. 2001］で分類（属名）が変更され、野生種はグアナコ（*Lama guanicoe*）とビクーニャ（*Vicugna vicugna*）、家畜種はリャマ（*L. glama*）とアルパカ（*V. pacos*）になった。旧大陸には野生種のフタコブラクダ（*Camelus ferus*）の1種類と家畜種のフタコブラクダ（*C. bactrianus*）とヒトコブラクダ（*C. dromedarius*）の2種類がいる。

　ラクダ科動物が家畜化された生物学的背景には、新旧大陸で進化した野生動物祖先の特徴が関係する。それらの特徴をくらべると、新大陸系統と旧大陸系統の間に共通する性質と異なる性質がある。本章に関わる特徴では、種間の遺伝的な隔たり（分化）の問題がある。染色体は現存の全種が74本で形態的にも似た構造をもっている。南米の4種間には生殖的な隔離がない。家畜種と野生種を問わず、雑種ができ産まれた仔にも繁殖力がある。同様に、旧大陸系統で

も、ヒトコブラクダとフタコブラクダの家畜種間の雑種、フタコブラクダの野生種と家畜種間の雑種、が産まれる。さらに、人工授精でアラブ首長国連邦の研究機関が両大陸のラクダ科動物の交配を試し、大陸間雑種の成功例も報告している［Skidmore et al. 1999; Jones et al. 2008］。大陸を隔てた系統間でも雑種が産まれ、成長できるのは驚きである。ただし、この場合には死産や流産の例が多く、成長しても繁殖力はない。でも、注目すべきは現存のラクダ科動物のあいだには、他の家畜化動物にくらべて種間の生殖的な隔離に関係するような遺伝的分化が少ないという特徴である。

　これ以外にもラクダ科動物には他の哺乳類にはない特徴がある。その代表は水分調節の生理機能である。特に砂漠に適応した旧大陸系統では、乾燥への耐性が発達し、体内に水分を補給し保つ特別の仕掛けを持っている。まず補給では、胃（第1胃）に大量の水を貯える能力がある。急激な吸収を抑えるため、一時的に水を貯えてゆっくり体内に取り込んでいく。ラクダをはじめ偶蹄類がくびれた複数の胃（複胃）に消化を助ける微生物をもつことは有名で、ウシ科動物では胃が4つに分かれている。ラクダ科動物では消化だけでなく水分吸収での特殊化が進み、ウシの第3胃に相当する複胃がなく、胃は3つに分かれている。反芻動物としての性質も異なることから、「擬反芻獣」と呼ばれている。赤血球は薄く小さく、形は楕円体で表面積が大きい。一時的に血球に水を貯える能力があり、赤血球は 2.4 倍まで膨らむ。水分調節では、貧水環境で体温を上げて調節する仕掛けもある。体温調節には呼吸や発汗に加えて腎臓からの排尿も関係する。この代謝では新旧大陸のラクダ科動物に違いもある。旧大陸系統は水分損失を防ぐため尿を著しく濃縮でき、シロップほど濃くなり塩分濃度は海水の2倍くらいまで増やせる。

　蹄（ひづめ）を覆う繊維性弾力組織のクッションは、旧大陸系統では切れ目が浅く全体がパッド状になる。新大陸系統では切れ目が深い。

　ラクダ科動物が近年注目を集める特徴のひとつに免疫システムがあり、全種で他の哺乳類にない免疫グロブリン G（IgG）が見つかっている。IgG はふつう 2 本ずつのサブユニット（軽鎖と重鎖）をもつ分子だが、30 年前に重鎖だけで標的抗原に結合する分子量の小さい抗体が初めてヒトコブラクダで発見された。この変化はラクダ科動物の祖先に感染症が蔓延したとき、偶然に重鎖抗体を持つ動物が耐性を示し、淘汰された結果と考えられている。ラクダ科動物の血中には通常サイズの IgG 抗体と小さい IgG 抗体の両方がある。その比率は種によって違う。重鎖抗体の先端部分（ナノ抗体と呼ばれる）の研究が進み、医薬品開発で

注目され、新型コロナウイルスの中和抗体にも利用されるようになっている。

⑵人類史的背景

　ラクダ科動物の家畜化の場所には大きな違いがある。新大陸では、出アフリカからの拡散の最後に着いた南米のアンデス山岳地域で家畜化が起きた。一方、旧大陸の家畜化は低地環境で起こり、ヒトコブラクダではアラビア半島の沿岸部、フタコブラクダでは中央アジア・東北アジア内陸部の砂漠ないしは乾燥地域で起きている。これに要した時間は、イヌ・ネコやウシ・ウマなどの家畜化にくらべると短い。

　南米でのラクダ科動物の家畜化は注目されている。これは、中大型草食哺乳類の家畜化はほとんどがユーラシアで起きているのに対し、南米では例外的にラクダ科動物が家畜化されているからである［ダイアモンド 2000］。このため、両大陸の中大型草食獣で同じ系統の家畜化が比較できるのはラクダ科動物だけである。

　アフリカ熱帯林を出て多様な環境に侵入したホモ・サピエンスが、ユーラシアの乾燥した砂漠や寒暖差の激しい内陸環境でラクダ科動物の家畜化に成功した意義は大きい。また、酸素が少なく紫外線の強いアンデスの高地環境へ定着するには新大陸系統のラクダ科動物に助けられてきた。

　人類史で注目すべきことのひとつは、16世紀のスペイン侵略で新大陸系統のラクダ科動物の利用が変化したことである［Wheeler 2015］。スペイン侵略の影響は家畜を激減させる一方で、交雑家畜を増やしたことが遺伝子研究から明らかになっている［Kadwell et al. 2001; Fan et al. 2020］。

3　他の動物の家畜化との違い

　野生動物の家畜化過程では、人間との共生関係から見たときに、動物種の違いが指摘されている。これらには、片利共生経路、狩猟経路、統御経路、の3つが区別されることがある［Zeder 2012］[1]。新大陸には、家畜種の元になった2種類の野生種（グアナコとビクーニャ）が残る。旧大陸では、絶滅が危惧される野生

---

1)　Zeder［2012］は家畜化の過程をヒトと野生動物の2体問題として考えて、野生動物が
　　ヒトの住環境に接近し動物には利益だがヒトには利益ではない一方的な共生関係から
　　はじまる片利共生経路、野生動物の狩猟管理から飼育動物の群管理を経て繁殖統御に
　　至る狩猟経路、強い人為選択圧をかけ野生動物の繁殖管理を短期間に進める統御経路、
　　の3つを区別している。

フタコブラクダがいるが、野生ヒトコブラクダはいない。分子系統研究から、現生の家畜化されたフタコブラクダは現存の野生フタコブラクダの直系子孫でないことが明らかになったが（後述）、種間には生殖的隔離がない。ラクダ科動物の家畜化では、現在でも野生原種あるいは近縁野生種と家畜種の分布が重なり、これらの間で自然雑種が生まれることがある。こうした状況は、他の動物の家畜化にはほとんどない。ウシやウマでは、家畜化に伴い野生原種と家畜の接触を避け、品種改良を進めるようになったと考えられている［ゾイナー 1983］。結果的にウシやウマの野生原種は絶滅している（旧大陸におけるラクダ科動物の家畜化段階については1章も参照）。

　家畜化による野生種からの形質（生物的な特徴）変化には、種を超えた共通性が認められ「家畜化症候群」と表現されている［Wilkins et al. 2014］。従順性（慣れやすさ）を代表に、脳頭蓋、体色、耳、尾などの形態、成長速度、生殖周期、寿命、などに変化が認められる。ラクダ科動物でも家畜化による変化は認められるが、他の家畜にくらべると体サイズや繁殖特徴の変化は少ない。

　新大陸系統の場合、幼獣死亡率の増加や門歯の特徴的な形態変化を根拠に6000年前頃に家畜化されたと推測されている［Wheeler 1995］。リャマの家畜化はアルパカより遅れてアルゼンチンやチリの高地（3800年〜5000年前）とペルーの高地（4000年前）で起きたと推定されている（図1）。この過程をZeder［2012］は狩猟につづく管理として狩猟経路と想像している。一方、旧大陸系統の場合、骨格や形態の変化だけから家畜化を判断することが難しい。岩絵や造形物と、遺跡からの遺体出土状況から家畜化の時期や場所が議論されている。旧大陸系統の家畜化は統御経路の例と考えられている［Zeder 2012］。

2　旧大陸のラクダたち

1　分布

　野生のフタコブラクダは、中国甘粛省のガシュン・ゴビ、新疆ウイグル自治区のタクラマカン砂漠、ロプノール野生ラクダ国立保護区にあるアルトゥン（阿爾金）山脈の北斜面と隣接地域、モンゴルと中国の隣接地域にあるゴビ砂漠厳重保護地区、に約950頭しかいない絶滅危惧種である［Hare 2008］。

　以前には野生フタコブラクダの生息域は、黄河が大きく曲がるあたりから、モンゴル南部と中国北西部の砂漠を横切り、カザフスタン中央部まで広がっていた。19世紀半ばまでに、この種は生息域の西部（カザフスタン）から姿を消し、

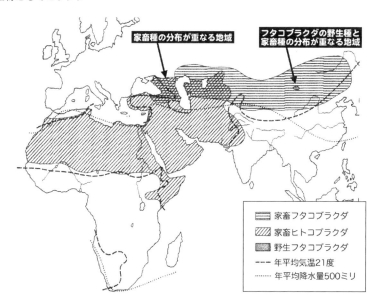

図 2　旧大陸における現在のラクダ科動物の分布
分布境界に関係する年平均気温と降水量を示した（Mason 1984 を改変）。

ゴビ砂漠とタクラマカン砂漠の僻地にのみ生息し、過去 150 年間にさらに縮小
した。
　家畜のフタコブラクダは、イラン、アフガニスタン、パキスタン、カザフス
タン、モンゴル、中国に分布する。家畜種の野生原種は現生の野生フタコブラ
クダとは別であることが多数の遺伝学研究から示されている。一方、家畜のフ
タコブラクダの分布は中央アジアで家畜のヒトコブラクダと重なっている (図2)。

2　家畜化センター

　ラクダの野生種は北アフリカにもいて有史以前に絶滅していた可能性があ
る。フタコブラクダが家畜化された時期と場所は不明だが、カスピ海の東側、
トルクメニスタンとイランの国境に位置するところ、あるいはさらに東のバク
トリア地方という説がある（1 章参照）。家畜フタコブラクダはロシア南部に北上
し、紀元前 10 世紀には西シベリアに存在し、紀元前 300 年には中国で使用され
ていた。元々のシルクロードのラクダと同じだが、次第にヒトコブラクダとフ
タコブラクダの交雑種に置き換えられた。ヒトコブラクダの家畜化はアラビア

半島で起きたという説がある（1章参照）。「ヒトコブラクダ（dromedary camel）」は dromos（ギリシャ語で「道」の意味）に由来するため、元々は騎乗または競走するヒトコブラクダにのみ直接適用され、遊牧民の文化と結びついている [Fowler 2010]。

　考古学研究により家畜化の歴史と場所について新発見が続くが、野生原種を家畜した場所については統一的な見解がまだ得られていない [本郷 2006]。また、近年の古 DNA 研究やゲノム研究からも家畜化や系統評価の新知見が蓄積され見直しが進んでいる。

3　交雑するヒトコブラクダとフタコブラクダ

1　家畜ラクダの分布

　現在の家畜ラクダの分布はほぼ図2に示したように想像されている。ヒトコブラクダの分布はアフリカ北部、中東、アジアの一部、インド亜大陸に広がっている。これに対してフタコブラクダの分布はヒトコブラクダより狭く、アジアの内部、中央部、東部（中国とモンゴル）、カザフスタン、キルギス、トルクメニスタン、アフガニスタン、イラン北部、インド、パキスタン、トルコ東部に分布する。フタコブラクダの繁殖地は年平均降水量 500mm の境界線に近く、年平均気温が 21℃をあまり超えない地域に限られている [Masson 1984]（図2）。しかし、歴史的にはフタコブラクダの分布は現在より広かったと考えられる。遺跡からの考古学証拠によりロシア、中東の大部分、トルコ、バルカン半島、東ヨーロッパの一部にまでいたことがわかる。

2　交雑ラクダ

　環境適応性で、もともと2種類の家畜種には違いがある。フタコブラクダは寒さへの抵抗力を、ヒトコブラクダは暑さへの適応力を反映した特徴をもっている。体重は平均してフタコブラクダの方が大きく、肉量や毛量も多い。乳量はヒトコブラクダが平均して多いが乳脂率はフタコブラクダの方が高い。

　家畜化された種間に生殖隔離がないことから、古くから2種類のラクダの雑種が利用されてきた。両種の分布が重なる地域だけでなく、種畜となる雄を運び交雑させたため、以前は2種類のラクダを利用する交雑が現在よりも広い地域で行われていた [例えば Bulliet 1975; Potts 2005]。しかし、その用途が交易キャラバンや軍事利用だった時代は終わり、交雑ラクダの生産は現在トルコとカザフスタンの2地域でのみ体系的に行われている [Faye and Konuspayeva 2012; Dioli

2020]。トルコでは主に毎年開催されるラクダ相撲（camel wrestling）用に大きな体格の1代目雑種の需要が高い。カザフスタンではロシアとカザフスタンの科学者により開発された交配方法が利用され、複雑な生産方法が考案されている。雑種強勢を利用した交配では、1代目雑種だけでなく、ヒトコブラクダあるいはフタコブラクダへの戻し交配を利用した生産も行われている。多様な交雑種は、呼称もさまざまで、地域や成長段階によるちがいもあるため複雑な状況にある [Imamura et al. 2016; Dioli 2020]。

　カザフスタンの交雑ラクダ生産にはトルコの場合と異なり、経済形質の改良を意図した畜産目標があった。カザフスタンでは19世紀以降に選抜が行われ、サイズが大きく、寒冷に対し毛の生産量が大きなフタコブラクダが繁殖され品種化が進められていた。一方で輸入されたヒトコブラクダを使いさまざまな交雑種が生産されていた。体格や肉量に優れた改良種が生まれるとともに、交雑種生産ではトルクメニスタン原産のアルヴァナ（Arvana あるいは Auvana）種が利用されてきた [Faye and Konuspayeva 2012; Sala and Kartaeva 2017]。科学者たちによりカザフスタンで開発されたヒトコブラクダとフタコブラクダの交配法の主な目的は、フタコブラクダより乳量が多く、中央アジアの厳しい気候に抵抗力をもつラクダ品種を開発することだった。カザフスタンでの交配では、1代目雑種どうしの交配はなく、2代目以降はすべて戻し交配システムからスタートし、さらにそれ以降の交配にはトルクメン種（トルコの交雑で利用されるラクダ種）のヒトコブラクダを利用した複雑な交配（3品種交配）を行っているものもある。

3　交雑ラクダの検証

　交雑種が経済形質で高い能力を示すことは雑種強勢（ヘテローシス）として遺伝学の分野では古くから知られている。しかし、この能力は交雑1代目の雑種に現れたあと、継代すると消えてしまうこともよく知られている。家畜化された動物だと、古くから知られている別の法則に「ホールデンの法則」というものがある。これは、系統的に離れた種間で雑種を作ったとき、1代目の生存力や繁殖力が低いという形がよく見られるという法則である。ケモノの場合だと、繁殖障害は性染色体のペアが異なる（XY）の雄で現れる。雑種雌（性染色体はXX）では繁殖力が維持される。交雑家畜文化をもつさまざまな民族は、不妊ながら役畜能力が高い雄や妊娠し高質乳を出す雌を得るため交雑家畜を生産している。代表的な例は騾馬（雄の驢馬と雌の馬の雑種）、ゾム・ゾブキョ（ヤクと牛の雑種）などで、これら動物では交雑1代目の雄に繁殖力がない。

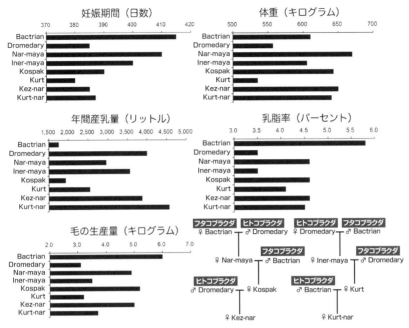

図3　カザフスタンのラクダにおける経済形質の比較
純系のフタコブラクダ（Bactrian）、純系のヒトコブラクダ（Dromedary）を交雑ラクダの生産と呼称を右下の交配図に示した［Baimukanov 1989］。

　しかし、新旧大陸で作られているラクダ科動物の雑種ではホールデンの法則があてはまらない。他の家畜では繁殖に利用できない1代目交雑種の雄を継代交配に利用できるところが、ラクダ科動物の特徴といえる。カザフスタンとトルコで実践されている交雑ラクダを経済家畜化するという試みは、これまで研究できなかった遺伝子あるいはゲノムの構成や機能を探る機会になるかもしれない。一方、現存する動物と人あるいは社会の関係では、まずどこにどのような交雑ラクダがいるかや、交雑家畜の認識や現状が問題になる。
　図3はソビエト連邦時代のカザフスタンの研究で、交雑ラクダの経済形質を調査したまとめである［Baimukanov 1989］。当時の畜産では、こうした統計を集めることができたが、現在こうした統計を体系的に集めているという情報は得られていない。これにはいくつかの原因が考えられる。第1は旧ソビエト連邦から独立したカザフスタンでは、かつてのような交雑ラクダに関する体系的な試験や統計がとられていないこと、第2はラクダを巡る畜産市場が把握しにくく

なっていること、第3に交雑に利用する種畜の生産と管理において、血統や家系図を利用して生物学や経済性を解明する基盤が脆弱になっていること、である。特に第2と第3の問題では、国による集約的な産業構造が維持できた時代が終わり、個人資本による経済活動で多様化した流通と、分離独立した国家間の関係変化で、交雑家畜の生産が以前と変化した影響が考えられる。この影響は、交雑ラクダの畜産現場に関する情報収集を困難にするだけでなく、実在する動物の情報を不確かなものにする。このため、飼育動物の生産に関する情報を記録や聞き込みから得るのは難しい。

4　遺伝子から交雑を調べる

1　形と遺伝子

コブは旧大陸系統のラクダ科動物を区別する鍵になる形態特徴である。十分に栄養を与えられたラクダは脂肪を蓄えたコブがしっかり直立しているが、栄養不足のラクダではコブが小さく、特にフタコブラクダの場合では横に倒れることがある。逆に飼育下で過食気味のフタコブラクダだと、体重超過でもコブは横に曲がることがある [Fowler 2010]。他の形態特徴では、雄にデュラー（dulla あるいは dulaa）と呼ぶ口の突起物（軟口蓋憩室）がヒトコブラクダにあり、野生種や家畜種のフタコブラクダにはこれがない。しかし、こうした形態の違いに関する遺伝的原因はまだ解明されていない。中国でフタコブラクダのコブの遺伝子発現を比べた研究によると、前側のコブには浸透圧調節に加えて、特殊な免疫および内分泌機能に関係した遺伝子発現があり、コブによる違いが見つかっている。

2　遺伝子とゲノムの研究
⑴　研究の方法

系統の違う生物種の違いを遺伝子で調べるには種に特徴的な遺伝子を比較する方法が利用されてきた。分析にはDNAやタンパク質分子の物理化学的な性質の違いを測る手法が利用されている。現在ではゲノム（遺伝情報のDNA塩基の全体）を解読することができるようになり、これを利用した研究が行われている。

遺伝情報は世代を越えて伝達される。しかしその伝わり方には遺伝子の種類で違いがある。進化系統、生態、交雑の研究では、目的に合わせてこうした伝わり方が違う遺伝子を標識に利用する。標識遺伝子には3種類が区別できる。

第 1 は両親が子に半分ずつ伝達する遺伝子群で、細胞の核にある 1 対の相同な常染色体にある（両性遺伝と呼ぶ）。第 2 は核にある性染色体の遺伝子群で、特に父方にしかない Y 染色体の遺伝子群は、息子だけに遺伝する特徴がある（限性遺伝あるいは父性遺伝と呼ぶ）。第 3 は、核外の細胞質にある小器官ミトコンドリアの遺伝子群である。これは、受精するとき母由来の卵細胞から伝わり、父由来の精子細胞からは伝わらない。このため、母だけから息子・娘に伝わる性質がある（母性遺伝と呼ぶ）。

　交雑するラクダで大事な調査は、交雑の有無である。特に、古くから交雑を繰り返している地域では、動物の交雑の程度を測り、形態や行動の特徴と比べたり、民族学や人類学の研究では人の利用や認識との関係を調べることが大事になる。こうした調査には、伝達様式が違う 3 種類の遺伝標識を使い分ける。第 1 の常染色体遺伝標識は、親から同じ確率で伝わるので、交雑の有無や程度を知るのに役立つ。一方、交配様式や血縁関係の問題では、親がヒトコブラクダなのかフタコブラクダなのかも問題になる。こういうときには、Y 染色体遺伝子やミトコンドリア遺伝子が役に立つ。

(2)交雑調査の遺伝標識

　私が初めて交雑ラクダを調査したのは 2018 年だった。西堀正英先生（広島大学）が代表の調査隊はそれ以前からアジア各国の在来家畜を研究しており、中央アジアで調査を続けていた。この調査に加わり、カザフスタンでのラクダ交雑種の研究をはじめた。翌年も調査は続き、本隊は隣国のキルギスを中心に活動しラクダ試料を採取した。このとき私はカザフスタンの追跡調査を今村薫先生（名古屋学院大学）と行った。今村先生の隊に参加されている斎藤成也先生（国立遺伝学研究所）にも協力をいただき、今村隊が 2015 年に集めていたカザフスタンの試料を分析し、西堀隊で調べたカザフスタンやキルギスの分析結果と比べることができた。

　遺伝子調査では、常染色体に見つかっていたヒトコブラクダとフタコブラクダのそれぞれに特徴的な DNA 標識（種の判別遺伝子）を利用し、個々のラクダの交雑度を測定した。この遺伝標識では、ゲノム中の特定の場所に DNA を構成する 4 種類の塩基（アデニン、チミン、シトシン、グアニン）が 2 種類のラクダで違っていて（塩基タイプが種により特異的）、「1 塩基多型（single nucleotide polymorphism、略して SNP）」と呼ばれている。つまり、ヒトコブラクダとフタコブラクダのゲノムをくらべるのに、SNP を使うとラクダの交雑程度がわかる。個々の SNP 標識で

は、親ではAAやBBという同タイプが1対ある型（これをホモ型という）のSNPが、仔ではABという型（ヘテロ型）になる。交雑1代目だと、種に特異的なSNPが全部ヘテロ型になるので、SNP遺伝標識をたくさん調べると、50パーセントずつヒトコブラクダとフタコブラクダに固有な遺伝子がカウントでき、交雑度が50パーセントと推定できる。最初の問題は、こういうSNP標識をどう調べるかだった。

　種特異的なSNPについては以前の研究［Ruiz et al. 2015］で家畜ラクダと野生フタコブラクダのゲノム配列を比較したものがあった。この報告では12種類のSNPについて、PCR法（遺伝子を増幅する分析方法でポリメラーゼ連鎖反応 polymerase chain reaction の略称）で増やした遺伝子配列を読み、ヘテロ型を判定していた。しかし、交雑度を比較したい動物がたくさんいる調査だと、個々にDNA配列を解読するのでは効率が悪い。そこで、私の調査ではSNPがホモ型（ヒトコブラクダとフタコブラクダはホモ型でAAとBBという違いをもつ）かヘテロ型（交雑ではAB）かを複数の標識で同時に調べる方法（スナップショット法）を応用した［Kawamoto et al. 2021］。この方法を使い、12種類のSNP標識を調べる目処がつけられた。

　12種類の標識で調べると、24個の遺伝子カウント中の割合が計算できる（例えば、Aが6カウント、Bが18カウントだとAの割合は4分の1で25パーセント）。Aがヒトコブラクダに特徴的な塩基なら、ヒトコブラクダ由来のゲノムがこの割合だけ入った交雑個体と推定できる。1匹ごとに調製したDNAがあれば、この分析は多数のラクダを集団調査するのに実用的で、交雑ラクダを飼う現場を比較するのに役立った。

3　遺伝子分析とフィールド調査

　海外の家畜を日本で分析することには問題がある。まず飼養者の協力を得て血液試料を採る。これを材料にDNAを抽出して分析するのだが、家畜によっては血液をそのまま輸入するわけにいかない。病気の問題があるからである。偶蹄類のラクダ科動物は法定伝染病の口蹄疫などをもつ可能性があり、生体試料を日本へ入れることは禁止されている。このため、現地の実験施設で血液からDNA試料を抽出し、輸出入に関係した許可をもらい日本へ運んで調べている。こうした家畜をめぐる感染症が近年日本で起きており、2010年の宮崎県の口蹄疫[2]や、現

---

[2]　2010年4月に宮崎県都農町のウシで初例が確認され、感染拡大を防ぐためウシ約6万8000頭（県内飼育の約22パーセント）、ブタ約22万頭（同約24パーセント）を処分した。この経済被害は少なくとも2350億円と推定されている。

在全国に拡がる豚熱[3]は日本の畜産に大きな被害を生んでいる。

5　カザフスタンのラクダ調査

1　自然と社会の背景

　カザフスタン共和国はカスピ海東北部の旧ソビエト連邦の国で、日本の 7 倍、世界第 9 位の面積をもつ内陸国である。国土の多くは砂漠や乾燥ステップで、東部でロシアや中国と接する地域には山岳や高原がある。中部にはステップが広がり、西部にはカスピ海沿岸低地が広がる。内陸で乾燥気候が卓越し、南部ほど降水量は少ない。年降水量が 300 〜 400mm 程度の北部には草原があるが、北緯 48 度以南は年降水量が 200mm 以下で砂漠が広がる。国土全体は西側に向かって緩く下がり、カスピ海沿岸の低い場所では海抜が -28m より低い。

　ソビエト連邦時代には、農業の集団化により、他の家畜と同様に、ラクダの個体数も著しく減少した。さらに、スターリン主義のイデオロギーでは、遊牧民の伝統的生活様式が、社会主義の農村経済の近代化と相容れず、ラクダを飼育してきた畜産農家は定住させられた。個別農民経営を統合し集団農場（コルホーズ）を作る集団化は 1927 年から 1932 年にかけて起こり、このとき人口の約 3 分の 1 が死亡し、以前の組織が完全に破壊されただけでなく、家畜の個体数が劇的に減少した。集団化の影響は、特にヒツジ、ウマ、ラクダといった遊牧家畜の減少による飢餓状態を生み、草原地域に暮らしていた 130 万人が死亡した。開拓により放牧地は耕地に変わり、飼料生産が増えて牧羊中心だった畜産は、ウシ、ブタ、家禽が中心のロシア的なものに変化した。

2　調査地のラクダ

　多くの方に協力いただきカザフスタンの 4 か所から採取した試料が分析できた（図 4）。これらは 2015 年にアクトベ（Aktobe）、シャルカール（Shalkar）、アラル（Aral）と、2018 年にアクタウ（Aktau）で得たものである。2 種類の家畜ラクダ分布が重なるカザフスタンで、Imamura et al. (2017) はコブの数を観察し地域による違いを報告している（図 5）。この観察はコブがひとつかふたつかという基準を

---

3)　2018 年 9 月に岐阜県岐阜市の養豚場で発生が確認され、続いて野生イノシシでも確認された。その後感染拡大が続き、2022 年 7 月 25 日時点で本州の 16 県と沖縄県で防除措置のためブタが殺処分されている。国は清浄国指定の解除を決めワクチン摂取を開始し、防除を進めている。

	調査地	試料数	採集試料
2015 年	Aral, Shalkar, Aktobe	22	斎藤ら 2015
2018 年	Aktau	36	Kawamoto et al. 2018
2019 年	Son-Kul	10	Kawamoto et al. 2019

図4　調査地と試料数

カザフスタン国内の4か所とキルギスの1か所の採集地および試料の採取年と数を示した
［Kawamoto et al. 2021 を改変］。

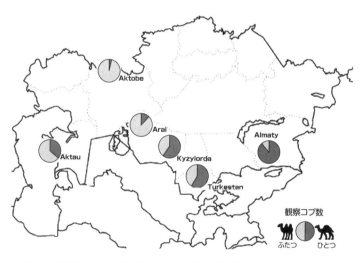

図5　カザフスタンにおけるラクダのコブ数の観察頻度　［Imamura et al. 2017］

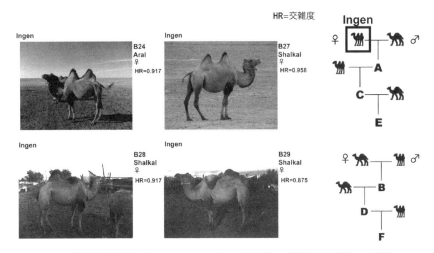

図6a　遺伝子分析を行った Ingen（フタコブラクダの雌）の形態写真（撮影：今村薫）
個々に個体番号、採集地（図4）、性別、フタコブラクダ遺伝子の割合（HR）を示した。
Baimukanov［1989］を参考に該当するラクダを交配図（右図）で示した。

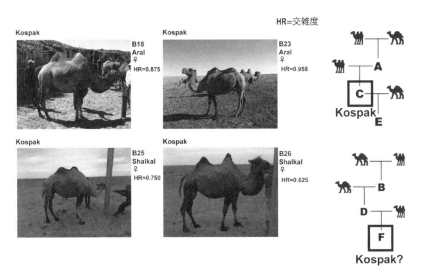

図6b　遺伝子分析を行った Kospak（F1 をフタコブラクダへ戻し交配した雑種）と呼ばれていたラ
クダの形態写真（撮影：今村薫）
個々に個体番号、採集地（図4）、性別、フタコブラクダ遺伝子の割合（HR）を示した。
Baimukanov［1989］、Faye and Konuspayeva［2012］を参考に該当するラクダを交配図（右図）で示した。

生物としてのラクダ

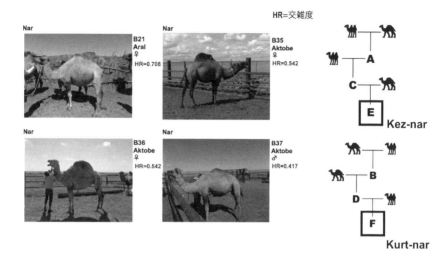

図6c　遺伝子分析を行った Nar（形態的にコブのまとまりがひとつに見える交雑個体）と呼ばれ
ていたのラクダの形態写真（撮影：今村薫）
個々に個体番号、採集地（図4）、性別、フタコブラクダ遺伝子の割合（HR）を示した。
Baimukanov［1989］、Imamura et al［2017］、Sale and Kartaeva［2017］を参考に該当するラクダを交
配図（右図）で示した。

　使っているので、交雑の有無は区別していない。ヒトコブラクダとフタコブラ
クダの雑種1代目（F1）ではコブの数はひとつになる（形態は変化する）。一方、継
代交配ではF1どうしの交配は乳量、毛量、肉量、気質などに劣化が起きるため
嫌われてきた。このため調査地では複雑な戻し交配が行われてきたことが想像
できる。さらに、多様な交雑ラクダのいる土地では、戻し交配に関係する種畜
は純粋のラクダとは限らない。しかし、コブの数や形が遺伝的にどのように決
まっているかは不明なため、2代目以降の雑種は交配相手のコブの数に影響され
るということ以外はよくわからない。これを念頭に考えると、調査地北部のア
クトベではフタコブラクダの影響が強く、それより南のアクタウではヒトコブ
ラクダの影響が増すことが予め想像できた。
　2015年の試料では、聞き取りにより飼養者から交雑に関係したラクダの呼称
と、コブの形状がわかる個体写真が残されていた。この呼称記録は3種類（Ingen、
Kospak、Nar）に大別されていた。Ingenはフタコブラクダ（図6a）、KospakはF1を
フタコブラクダに戻し交配したもの（図6b）の呼称である。Nar（図6c）はさらに

継代交配したラクダの呼称でKez-narとKurt-narといった接尾語にもなっている。しかし、その交雑の経緯は呼称だけからは判断しにくかった。このため、ここではNarとして一括して扱うことにした。

3　交雑度の違い

　遺伝子分析ではまず個体の交雑度を測った。これをもとに、調査地や呼称で区別できるグループの違いを比べた。調査個体にはコブの数がふたつのものが多くいたので、交雑度の「ものさし」(HR=hybrid rate) には遺伝子カウント中のフタコブラクダ遺伝子の割合を使った。12種類のSNP遺伝標識の分析により合計24個の遺伝子がカウントできるので、HRは0 / 24から24 / 24までになる。これをパーセント表示したHRから、個体やグループの特徴を比較した。

　カザフスタンの4か所とキルギス (後述) の1か所で交雑度をくらべてみると、地域により違いが認められた (図7)。試料数が少なく、推定した交雑度平均の誤差はかなり大きいため、この結果だけから地域差を即断するのは難しいが、2種類のラクダがカザフスタンで広く交雑することを定量的に裏付ける証拠が初めて得られた。比較的試料数が多いアクタウでも交雑度の誤差は大きく、地域内で複雑にラクダの継代交配が起きていることが予想できた。また、図5とくらべると、観察からコブをふたつ持つラクダが多い北部のアクトベが必ずしもフタコブラクダに特徴的な遺伝子の頻度が高いかどうかわからないという結果が得られた。これらの結果は、今後さらに調査して状況を明らかにする必要がある。

　分析した個体の写真記録と現地での呼称を、交雑度の推定結果と比べてみると、大事な発見があった。2015年に今村、斎藤らにより調査された3か所では、3種類のラクダが区別されていた。交配に関する記録はなく、血統登録もないため、呼称から区別するしかできないが、これらは既報に照らすと、純系のフタコブラクダの雌 (Ingen) と、2種類 (KospakとNar) の交雑が進んだラクダと予想された (図6a、b、c)。そこでこれら3種類をクラス別にまとめて、互いの交雑度の違いと写真を比較してみた。純粋のフタコブラクダと呼ばれていたIngenはたしかに外見的にはコブがふたつある雌だった。しかし、交雑度では8割の個体がヒトコブラクダ由来の遺伝子をもっており、平均交雑度は約95パーセントであった (図8)。交雑ラクダと呼ばれた他の2クラスではさらに交雑が進んでおり、平均交雑度はKospakとNarでそれぞれ81パーセントおよび55パーセントであった (図8)。この結果から、調査地のラクダの多くは交雑していて、飼養者たちの識別とは違う程度に交雑する個体がいることがわかった。また、コブの数や形

生物としてのラクダ

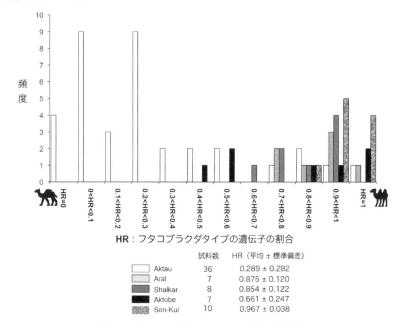

図7 カザフスタンとキルギスの調査地の交雑状況
横軸は交雑度 HR（フタコブラクダ遺伝子の割合）で分けたクラス、縦軸は観察個体数を示す。5
か所の HR 平均と標準偏差を比較した。[Kawamoto et al. 2021、川本 未発表データ]

からクラス分けしたグループでは、交雑度の分布が違い、形態と遺伝子の関係
にある程度相関を認めた。
　飼養者や管理者の家畜認識は、種畜の選別や繁殖計画に直結する。交雑によ
り経済形質向上を図るには、個体の交雑度やゲノム構成の情報をさらに調査し、
利用することが大事になる。カザフスタン調査から、考案した分析方法が畜産
現場の状況をモニターするのに有効なことが証明できた。

6　キルギスのラクダ調査

1　キルギスの現状
　キルギス共和国はカザフスタンの南に隣接する日本の約半分の山岳国である。
旧ソビエト連邦から 1991 年に独立し、主要産業は農業と鉱業である。ヒツジや
ヤギの牧畜は盛んだが、ラクダの飼養頭数は少なく、フタコブラクダの牧畜は

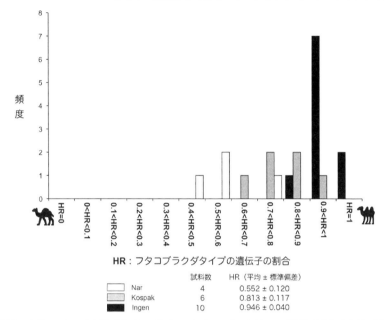

図 8　カザフスタン 3 か所（Aktobe、Shalkar、Aral）のインタビューで記録できたラクダの呼称を
元に区別した 3 種類ラクダ（Ingen、Kospak、Nar）の交雑状況
横軸は交雑度 HR のクラス、縦軸は観察個体数を示す。呼称グループ別の HR 平均と標準偏差を比
較した［川本 未発表データ］。

あるものの 2020 年の統計では全国に 256 頭しかいない。

2　調査地のラクダと交雑状況

　2019 年に共同研究者がキルギス中央部の Son-Kul で採取してくれた 10 頭のラ
クダを分析した（図4）。少数だが、これでも全国の約 4 パーセントのラクダを調
べたことになる貴重な試料だった。このラクダたちは既報どおりコブをふたつ
持ち違和感のないフタコブラクダだった。
　しかし、遺伝子分析では 6 割の個体にヒトコブラクダ遺伝子が検出され、予想
に反してキルギスでも交雑が起きていることを初めて証明する結果になった（図
7）。交雑と判定されたラクダでカウントされたヒトコブラクダ遺伝子の割合は低
く、交雑度の平均は約 97 パーセントと高く推定された。つまり、交雑は起きて
いたが、遺伝子浸透の程度は、カザフスタンより少ない。このことは外見で純
粋のフタコブラクダとみなされていることに矛盾しない結果であった。

7　交雑ラクダの利用

1　遺伝子調査から見えてきたこと

　新旧大陸のラクダ科動物では、他の家畜には珍しい異種間の交雑能力と、それを利用する人間の生活や文化がある。しかし、伝統的畜産では、両大陸の歴史や現状にコントラストがある。旧大陸での交雑ラクダの研究では、これまで主に古生物学的な証拠をもとに古くからの広い地域での交雑が語られてきた。しかし、これを裏付ける遺伝的証拠が乏しく、特に2種類の家畜種が分布を重ねる中央アジアで交雑の現状を定量的に測って議論する研究はなかった。現場に直結したこうした新しい調査や研究のアプローチが作れたことは、今後のラクダをめぐる諸問題を研究する助けになると考えられる。

　時代変化とともにラクダ科動物の利用は変化している。旧大陸では健康食品や競技・観光の資源として注目を集める時代を迎えている。新大陸では毛の生産向上が図られている。こうした新しい利用では、交雑動物の需要も変化している。遺伝学研究はそうした変化を捉えてラクダ科動物の地域経済や社会の発展に寄与する科学情報になると期待できる。

2　課題と展望

　現在トルコやカザフスタンを中心に交雑ラクダが生産され、複数の家畜種や品種を利用する多元交配も行われている。この畜産に利用される動物は必ずしも計画交配で作られたものでなく、放牧地の自然交配で産まれた動物が搾乳をはじめとする生業や交配に利用されている。計画性の乏しい繁殖が続けば、必然的に遺伝統御の不足により経済形質が影響を受け、生産性が下がる心配もある。地域経済の維持や向上には、家畜の飼育と繁殖を科学的に管理することが重要で、2種類のラクダが交雑する地域では遺伝学評価に基づく畜産経済と登録制度などの社会基盤を整備することが必要である。人文科学系研究と共同しながら、遺伝学調査をさらに広げて、自然遺産であり文化遺産でもあるラクダ科動物の理解を深めてゆきたい。

［謝辞］本章で紹介した研究では以下の方々（敬称略）に海外調査および実験分析で協力と指導をいただきました。
　　今村薫（名古屋学院大学）、斎藤成也（国立遺伝学研究所）、西堀正英・吉開純也・山本

義雄（広島大学）、国枝哲夫（岡山理科大学）、木村李花子・高橋幸水（東京農業大学）、山縣高宏（名古屋大学）、Gaukhar Konuspayeva・Sabir T. Nurtazin（アル・ファラビ カザフスタン国立大学）、Polat Kazymbet・Meirat Bakhtin（アスタナ医科大学）、Asankadyr Zhunushov（キルギス遺伝子工学研究所）、Sanjar Sultankulov（キルギス JICA）。

参考文献

川本芳
　　2022　「家畜化から考える——ヒトと野生動物の共生のレジリエンス」稲村哲也、山極壽一、清水展、阿部健一編『レジリエンス人類史』92-105 頁、京都：京都大学学術出版会。

ジャレド・ダイアモンド
　　2000　『銃・病原菌・鉄（上）』（倉骨彰 訳）、東京：草思社。

ゾイナー、E. F.
　　1983　『家畜の歴史』（国分直一・木村伸義 訳）、東京：法政大学出版局。

本郷一美
　　2006　「ヒトコブラクダの家畜化と伝搬」『西南アジア研究』65: 56-72。

Baimukanov, A.
　　1989　Two-humped Camels. In Dmitriev N.G. & L.K. Ernst eds., *Animal Genetic Resources of the USSR*, FAO, Rome, pp.380-385.

Bulliet, R.W.
　　1975　*The Came and the Whee*l, Columbia University Press, New York.

Dioli, M.
　　2020　Dromedary (*Camelus dromedaryius*) and Bactrian camel (*Camelus Bactrianus*) cross-breeding husbandry practicees in Turkey and Kazakhstan: An in-depth review. *Pastorallism: Research, Policy and Practice* 10:6.

Fan R., Gu Z., Guang X., Marín J.C., Varas V., González B.A., Wheeler J.C., Hu Y., Li E., Sun X., Yang X., Zhang C., Gao W., He J., Munch K. Corbett-Detig R., Barbato M., Pan S., Zhan X., Bruford M.W., & C. Cong
　　2020　Genomic Analysis of the Domestication and Post-Spanish Conquest Evolution of the Llama and Alpaca, *Genome Biology* 21: 159.

Faye, B. & G. Konuspayeva
　　2012　The Encounter between Bactrican and Dromedary Camels in Central Asia, In Knoll E.M. & P.A.Burger eds., *Camels in Asia and North Africa. Interdisciplinary perspectives on their significance in past and present,* Austrian Academy of Sciences, Vienna, pp. 27–33.

Fowler, M.E.
　　2010　*Medicine and Surgery of CAMELIDS*. Third Edition, Wiley-Blackwell, Ames.

Hare, J.

生物としてのラクダ

2008   *Camelus ferus*. The IUCN Red List of Threatened Species 2008: e. T63543A12689285. https://dx.doi.org/10.2305.

Imamura, K., Amanzholova, A., & R. Salmurzauli

2016   Ethno-terminology of Camels by Kazakh Language, *The Nagoya Gakuin Daigaku Ronshu; Journal of Nagoya Gakuin University; Humanities and Natural Sciences* 52: 65-81.

Imamura, K., Salmurzauli, R., Iklasov, M.K., Baibayssov, A., Matsui, K., & S.T. Nurtazin

2017   The Distribution of the Two Domestic Camel Species in Kazakhstan caused by the Demand of Industrial Stockbreeding, *Journal of Arid Land Studies* 26: 233-236.

Jones, C.J.P., Skidmore, J.A., & J.D.Aplin

2008   Placental Glycosylation in a Cama (camel–llama cross) and its Relevance to Successful Hybridization, *Molecular Phylogenetics and Evolution* 49: 1030-1035.

Kadwell, M., Fernández, M., Stanley, H.F., Baldi, R., Wheeler, J.C., Rosadio, R., & M.W. Bruford

2001   Genetic Analysis Reveals the Wild Ancestors of the Llama and Alpaca. Proc. R. Soc. Lond. B. Biol Sci. 268(1485): 2575-2584.

Kawamoto Y., Nishibori M., Yoshikai J., Kunieda T., Kimura R., Yamagata T., Yamamoto Y., Takahashi Y., Kazymbet P., Bakhtin M., Zhunushov A., & S. Sultankulov

2021   Population Genetics Study on Camel Hybridization in Kazakhstan and Kyrgyzstan, *Report of the Society for Researches on Native Livestock* 30: 365-382.

Masson, I.L.

1984   *Camel, In Evolution of Domesticated Animals* (Masson I.L. ed.), Longman, London and New York, pp. 106-115.

Potts, D.

2005   Bactrian Camels and Bactrian-dromedary Hybrids, *The Silk Road* 3: 49-58.

Ruiz, E., Mohandesan, E., Fitak, R.R., & P.A.Burger

2015   Diagnostic Single Nucleotide Polymorphism Markers to Identify Hybridization between Dromedary and Bactrian Camels, *Conservation Genetics Resources* 7: 329-332.

Sala, R. & T. Kartaeva

2017   Ethnic Names for Camel Types in the Aral-Syrdarya Delta Regions, *Journal of history* 3(86): 63-73, Al-Farabi Kazakh National University.

Skidmore, J.A., Billah, M., Binns, M., Short, R.V., & W.R. Allen

1999   Hybridizing Old and New World Camelids: *Camelus dromedarius x Lama guanicoe*. Proceedings of The Royal Society of London Series B 266: 649-656.

Wheeler, J.C.

1995   Evolution and Present Situation of the South American Camelidae, *Biological Journal of the Linnean Society* 54: 271-295.

2015   South American Camelids – Past, Present and Future, *Journal of Camelid Sciene* 5: 1-24.

Wu H., Guang X., Al-Fageeh M.B., Cao J., Pan S., Zhou H., Zhang L., Abutarboush M.H., Xing

Y., Xie Z., Alshanqeeti A.S., Zhang Y., Yao Q., Al-Shomrani B.M., Zhang D., Li J., Manee M.M., Yang Z., Yang L., Liu Y., Zhang J., Altammami M.A., Wang S., Yu L., Zhang W., Liu S., Ba L., Liu C., Yang X., Meng F., Wang S., Li L., Li E., Li X., Wu K., Zhang S., Wang J., Yin Y., Yang H., Al-Swailem A.M., & J. Wang

    2014   Camelid Genomes Reveal Evolution and Adaptation to Desert Environments, *Nature Communications* 5, 5188.

Zeder, M.A.

    2012   Pathways to Animal Domestication. In. Gepts P., Famula T.R., Bettinger R.L., Brush S.B., Damania A.B., McGuire P.E., & C.O. Qualset eds., *Biodiversity in Agriculture: Domestication, Evolution, and Sustainability*, pp. 227-259, New York, Cambridge Univ. Press.

家畜としてのラクダ・多彩な利用

第7章　ラクダの調教

ソロンガ

はじめに

　ラクダは、調教されることではじめて、運搬や騎乗などのラクダの力を人間が使えるようになる。しかし、2歳で始まる調教訓練によって騎乗ラクダになるのではなく、早くも生後3日から人に慣れさせるためのさまざまな訓練を行っているのである。その目的は、体格が良く、健康で、体力にあふれ、かつ性格が穏やかで、騎乗や運搬において人間の命令に従うラクダを育てることにある。この目的のために、生後すぐから1歳、2歳、3歳、4歳というそれぞれの成長段階にあわせて、順次、人に馴れさせ、調教していく。

　ここでとりあげるラクダは、内モンゴル自治区アラシャー盟のラクダである。アラシャー草原を舞台とする牧畜文化は、内モンゴル草原文化の一つの典型である。アラシャーは内モンゴル自治区の最西部に位置し、農業開墾の影響をあまり受けておらず、全体的に定住化の進度が遅く、牧畜の伝統が今でも残っている乾燥地域である。放牧地の多くが砂漠とゴビ草原であり、他の地域と比べると一世帯の利用する放牧地の面積が広く、家畜の種類においてラクダ（フタコブラクダ）を飼育する人の割合が多い。そのため、この地域ではラクダの牧畜が盛んであり、年間の牧畜作業の中で、ラクダの調教に多くの時間をかけている。本章では、はアラシャー盟の牧畜民が実際に行っているラクダ調教の方法を詳細に記述する。

1　調査地の説明

　内モンゴル自治区（以下内モンゴル）は中国の北部に位置し、中国内陸乾燥地域に属する。アラシャー盟は内モンゴルの最西端に位置する。アラシャー盟の行

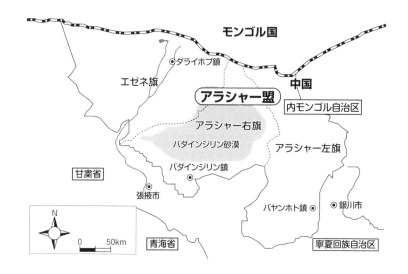

図1　アラシャー盟の位置（筆者による作成）

政組織はアラシャー右旗、アラシャー左旗、エゼネ旗の3つの旗[1]からなっている（図1）。内モンゴルの西南部から西部にかけては砂丘地帯が、最西部には礫砂漠地帯が広がる［児玉 2012: 8］。アラシャー盟には、テングリ（勝格里）砂漠、バダインジリン（巴丹吉林）砂漠、オラーンブホ（烏蘭布和）砂漠という3つの砂漠が分布している。

　アラシャー（阿拉善）右旗はアラシャー盟の中部に位置する。総面積は7万2556km^2、日本の総面積のおよそ5分の1に相当する。アラシャー右旗の標高は西部が最も高く2500m以上、東部に向かうにつれて低くなり、東部では900m近くになる。南部と西南部は山地、西北部は砂漠[2]である。北、東、西にはゴビ[3]、丘陵地帯が広がっている。アラシャー右旗の生業は牧畜であり、主な飼養家畜はラクダ、ヤギ、ヒツジ、ウシ、ロバである。全家畜の頭数を合わせると

---

1)　旗とは、内モンゴルの行政単位で、日本の郡に相当する。

2)　砂漠（Sandy desert）とは、植覆率が5%以下の流動砂丘地帯である［児玉 2012: 113］。

3)　ゴビ（Gobi、Gravel desert）とは、礫石を主とする植覆率が5%以下の土地である［児玉 2012: 113］。本来はゴビとはモンゴル語で、それがそのまま地理用語になったものである。

約 21 万頭で、そのうちラクダは 6.8 万頭である。

　本章で取り上げるバダインジリン砂漠は内モンゴル西部のアラシャー盟アラシャー右旗からエゼネ旗にかけて広がり、中国第 3 の広さをもつ砂漠である。バダインジリン砂漠の総面積は 4.71 万 km^2 である。流動砂丘が広範囲に広がる。砂漠の標高は 1200 ～ 1700m で、砂峰[4] の高さは 300 ～ 500m である。高くて大きい砂丘が砂漠の内部に集中し、周縁側はゴビに接する。砂漠東南部の砂丘間には約 144 個の湖沼が分布している。湖沼は、面積が 1 ～ 1.5 km^2 のものがほとんどであり、塩水のため飲用と灌漑には利用できない。

　バダインジリン砂漠は年間を通して降水量が極めて少ない。年平均降水量は 50 ～ 60mm で、降雨は 6 月から 8 月に集中している。年平均気温は 7 ～ 8℃ だが、最寒月は 1 月で、最低気温（1 月）はマイナス 33.1℃、最高気温（7 月）は 41℃ に達する。年平均蒸発量は 3500mm 強である。

2　ラクダの馴致

　ラクダの馴致（人馴らし）と調教の方法は、バダインジリン砂漠地域で牧畜を営む B 氏（1948 年生まれ、調査時 69 歳）からおもに教えてもらった。B 氏夫婦には子どもが 6 人（息子 5 人と娘 1 人）おり、B 氏は現在、妻、五男とその妻と子ども 1 人の合計 5 人で暮らしている。B 氏が所有する家畜を表 1 にまとめた。

　ラクダは調教できる年齢に達する前に、まず、ラクダを人に馴らす訓練を行う。これをテメー・ダスハジュ・ソルガホという。テメーは「ラクダ」、ダスハジュとは「慣らす」、ソルガホとは「訓練させる」「教える」という意味である。

　この訓練の対象となるのは当歳ラクダと 2 歳ラクダである。特に性別に関係なく、すべてのラクダに実施する。

1　当歳仔

　まず、生後 3 日から満 1 歳までの当歳仔の馴致である。これを調査地でボトグ・ソルガホという。群れのすべての当歳仔が馴致の対象となる。当歳仔の馴致はその成長段階に合わせて 5 つの訓練からなる（表 2）。

　①生まれてすぐ、乳児ラクダに人間に捕まえられる訓練を施す。このことを

---

4)　砂漠が山のように聳え立つ様子をいう。

家畜としてのラクダ・多彩な利用

表1　B氏の家畜の内訳

ラクダ							ヒツジ	ヤギ
合計	成去勢オス	成メス	3歳	2歳	1歳	種オス	合計	合計
112	22	30	21	16	21	2	25	56

表2　当歳仔の馴致

訓練開始の 当歳仔の月齢	訓練内容	訓練の現地語	対象畜のモンゴル語
生後すぐ	捕まえる訓練	バリジュ・ソルガホ (*bariju surgah*)	ニラハ・ボトグ *1
生後3日間以上	繋ぎとめる訓練	ウヤジュ・ソルガホ (*uyaju surgah*)	ニラハ・ボトグ
生後40日間	草と牧地に慣らす訓練	エベスレジュ・ソルガホ (*ebesuleju surgah*)	フレベー・ボトグ *2
生後40日間	水と水やりに慣らす訓 練	ウスラジュ・ソルガホ (*usulaju surgah*)	フレベー・ボトグ
生後40日間	天然塩と炭酸ソーダを 舐めさせる訓練	ホジルラジュ・ソルガホ (*hujirlaju surgah*)	フレベー・ボトグ

＊1：母ラクダの乳だけで育ち、まだ草を食べられない時の当歳仔（第5章参照）。
＊2：生後40日ほど経ち、よく成長して草を食べられるようになった当歳仔（第5章参照）。

「バリジュ・ソルガホ（捕まえる・訓練）」という。生後1週間たつと、力がかなり強くなるため、捕まえにくくなる。その際は、仔ラクダを驚かさないように母ラクダと一緒にいる時にこっそりと捕まえるようにする。このとき、仔ラクダを驚かすと、成長後に性格が荒く、群れから逃げがちなラクダになるという。

　仔ラクダを捕まえたら、母ラクダのそばに立たせ、仔の頭、首、額、頬、耳元、脇、胴の部分をよく撫でてやる。その後、ゆっくりと仔ラクダの首を抱いて、おとなしくさせる。

　この訓練は、牧畜の仕事の合間に行う。必ずしも毎日行うわけではない。

　②生後3日で、人間に捕まえられて繋がれることができるようにする。この訓練を「ウヤジュ・ソルガホ（繋ぐ・訓練）」という。

　仔ラクダを繋ぐ場所は、柵の外の暖かくて平たいところにする。繋ぎとめる際、地面に杭を打ち込み、その杭に紐をかけて、その紐で仔ラクダの膝を縛る。縛る場所を膝にするのは、膝ならば仔が紐をどんなに強く引っ張って抵抗しても怪我をしないからである。縛る際には前足あるいは後足の左右を交代させて仔ラクダの負担を減らす。つなぎとめておく時間は2〜3時間である。膝で繋

ぎとめられることに慣れたら、次に脚で繋ぎとめる。この訓練を繰り返しおこなうことによって、仔ラクダの性格はおとなしくなる。

　③仔ラクダに草を食べさせ、草と牧地に慣らす訓練を「エベスレジュ・ソルガホ（草を食べさせる・訓練）」という。仔ラクダは、干魃時や母ラクダの体調不良を除いて、たいてい母乳だけで満腹になる。しかし、生後 40 日間ほどたつと草を消化できるようになるため [5]、母ラクダのまねをして草を食べ始める。そうすると、牧夫は仔ラクダにとりわけ柔らかい草を与える。その後、母ラクダと一緒に宿営地周辺の牧地に放し、草を自分で食べさせるようにする。

　④仔ラクダに水を飲ませ、井戸と水やりに慣らす訓練を「ウスラジュ・ソルガホ（水を飲む・訓練）」という。仔ラクダは草を食べ始めると反芻するようになるため、水を大量に飲むようになる。まず、畜舎で汲んできた水を飲ませ始める。次いで、母ラクダと一緒に放牧に出られるようになると、井戸で水を飲ませる。井戸で水を与える時は母ラクダと一緒にさせつつ、「トール、トール」という掛け声をかける。

　水やりをする際に重要なことは、水を十分飲ませることである。草を食べている当歳仔に水を十分与えないと、内臓に熱がたまって糞が硬くなり、目ヤニも多く出るようになる。さらに、気温が高い時は目が充血してくる。これらは仔ラクダの成長に悪影響を与えるので、夏場は 1 日 2 回水やりをする。もしも、仔ラクダが水を嫌ったり飲まなかったりした場合は、その場で捕まえて無理にでも水を飲ませるようにする。

　⑤「天然塩と炭酸ソーダを舐めさせる訓練」
　当歳仔は、草を食べ、水を飲み始めるころになると、異常な行動を示すようになる場合がある。異常な行動とは、「ほかの個体の毛を噛む」「毛製の紐やロープを噛る」「砂と泥を舐める」、さらに「ラクダが口から出した反芻物を舐める」などである。これらの症状は夏に現われることが一般的である。これを調査地でホジルスホといい、「塩分が不足している」意味である。そのため、ラクダ牧畜民は当歳仔に塩分補給するため、天然塩と炭酸ソーダを舐めさせる。これを

---

5)　仔ラクダは生後 50 日経つと草を食べるようになる［Möngjirgal 2006: 17］という説もある。

表3　2歳ラクダの馴致

訓練時期	訓練の現地語名称	日本語の意味
夏：1日2回～3回 秋：1日3回～5回	ウヤジュ・ソルガホ（*uyaju surgah*）	繋ぎとめる訓練
日頃の暇な時期	ノグトラジュ・ソルガホ（*nogtolaju surgah*）	ノグトを付けて引き歩く訓練
放牧の時	トシジュ・ソルガホ（*toshiju surgah*）	脚の保定にならせる訓練

「ホジルラジュ・ソルガホ（塩の訓練）」という。

　当歳仔に塩分補給する方法は、塩性植物のある牧地に放牧するか、あるいは天然塩と炭酸ソーダを舐めさせるやり方である。仔に与える天然塩と炭酸ソーダは食用塩ではなく、付近の塩湖から掘って取ってきたものである。この天然塩をコク・ダブス（青い塩）という。炭酸ソーダをホジレという。

　塩分補給は当歳仔の骨格筋の発育と成長に不可欠である。そのため、1頭ずつ必ず塩分を摂るように注意を払う。

2　2歳ラクダ

　次に、2歳ラクダの訓練である。これを「トルム・ソルガホ（2歳ラクダ・訓練）」という。2歳ラクダの調教は3つの訓練からなる（表3）。当歳仔と同じように、性別に関係なく、すべての2歳ラクダに実施する。

　①繋ぎとめる訓練

　2歳ラクダにも当歳仔に引き続き、繋ぎとめる訓練を実施する。これを当歳仔と同じく「ウヤジュ・ソルガホ（繋ぎとめる・訓練）」という。

　2歳ラクダに対しては、当歳仔より長時間繋ぎとめる。長時間繋いでおくと、体力がつき、より丈夫になるそうだ。さらに、仔ラクダの蹄が硬く成長する。また、仔ラクダの性格がよりおとなしくなるという。

　②ノグト（面繋）を付けて引き歩く訓練

　2歳ラクダになると、ノグトを付けて引き歩く訓練を行う[6]。ノグトとはラクダのジョグドル（首の毛）で作られた面繋（おもがい：家畜の頭部につける紐の道具）である。ノグトには引き手綱が付いていて、この綱で仔ラクダを繋いだり引いた

---

6)　アラシャー盟のゴビ地域のラクダ牧畜民は当歳ラクダの時からノグトを使う　[Möngjirgal 2006: 19]。

りする。ノグトを付けて引き歩く訓練を「ノグトラジュ・ソルガホ（面繋をつける・訓練）」という。

　2歳ラクダを引き歩く時は、1頭ずつ引く。3歳間近になると2～3頭を一緒に繋いで引き歩く。

　③脚を保定することに慣らす訓練

　ラクダを放牧させるときに、ラクダが遠くまで行ってしまわないように、トシヤという保定紐で左右の前足を縛ることがある。この紐に慣らす訓練も2歳から始め、トシヤで保定して放す。この訓練を「トシジュ・ソルガホ（保定紐・訓練）」という。

　2歳ラクダは、足を保定されることに慣れると、歩き方が安定し、一定の速度で長時間歩けるようになる。このような訓練を繰り返すことによって、穏やかでゆっくり歩く性格になる。

3　ラクダの騎乗用調教

　アラシャーの牧畜民は、冬営地では家畜の放牧にくわえ、騎乗用ラクダの調教に忙しくなる。牧畜民の仕事は、ただ家畜に餌を与え（放牧する）て繁殖させるだけでなく、いかに人間に慣らして、人間の命令を理解するようにさせるかが重要なのである。ラクダを調教することを「テメー・ソルガホ（ラクダ・訓練）」という。

　調教の対象になるラクダは、おもに去勢オス[7]である。はな木[8]を刺してから調教を始めるのが一般的なので、まず、はな木を刺す個体を決める。はな木の対象から外れるラクダは、力がない、体が小さい、あるいは病弱など、身体的になんらかの問題を抱えた個体である。これらは翌年の秋、つまり3歳になってから調教を行う。

　モンゴル語で、はな木をボイルという。しかし、はな木を刺してもすぐには調教しないことがある。これはその年は騎乗用ラクダの需要がなかったとか、ラクダの体質が騎乗に向いていなかったなどの事情による。

　また、まれにメスも騎乗用として調教の対象になることがある。種オスは、

---

7)　種オスの選定からもれた去勢オス候補であり、実際の去勢手術は後年の3歳ごろに行う。

8)　「はな木」という名称を梅棹（1990）から引用した。

騎乗、運搬などの力仕事には使わない。

　調教は2段階で実施される。最初の段階では、はな木を刺してから軽く調教する。次の段階では、いったん調教したラクダをさらに調教し、騎乗用として完成させる。

　B氏の場合、ラクダの調教は毎年11月下旬から翌年の3月の中旬にかけて行う。聞き取りによると、B氏は2016年11月25日に10頭のラクダにはな木を刺した。そして、2017年の2月11日から、そのうちの5頭にだけ調教を行ったが、残りの5頭は調教しなかった。

1）はな木を刺してからの軽い調教

　ラクダにはな木を刺す最適の年齢は2歳である。はな木を刺す時期は蚊と虫がなくなった秋の終わり頃、つまり11月下旬頃である。調査地では、はな木を刺すことをボイルラホ、あるいはハタガマルとも呼ぶ。

　B家では、2016年11月25日に10頭のラクダにはな木を刺したが、はな木を刺す作業はB氏、五男、近所のD氏（1972年生まれ、調査時43歳）の3人で行われた。

　はな木を刺す手順は以下のとおりである。

①群の中から2歳ラクダを全部選り分けて、畜舎の中に囲い込む。

②畜舎から2歳ラクダを1頭ずつ追い出す。3人でラクダの四肢をロープで縛り、左側に倒す。このロープをブランタガという。その後、はな木の尖ったところにバターを塗って右側から貫通させる。はな木を刺す部位はラクダの鼻の孔ではなく、鼻の孔の下のところ、すなわち上唇の上の、肉の厚いところである。ここにずぶりと突き刺す。

③はな木に新しいロープをとりつけ、四肢を縛っていたロープ（ブランタガ）を解き、はな木に取りつけたロープを引っ張りながらラクダを起こす。起こした後は、ラクダを短時間引いて歩き、はな木とロープに慣らさせる。

④はな木とロープに良く慣らすため、何も食べさせず、飲ませずに3日～4日間結わえ繋ぎとめておく。絶食させたほうが、傷口が炎症せず回復が早いという。この絶食状態を、ソイホと言う。このようにラクダの身体をしっかり調整した後、ラクダをつなぎ棒に繋いだりして、調教が始まる。

⑤その後、1～2週間かけてラクダを頻繁に引いて歩き、なかでも温和な性格の2歳ラクダを選んで乗ってみる。このとき、はな木を刺したところの傷には気を付けなければならない。

2）騎乗用ラクダの本格的調教

　はな木を刺されたラクダは、その後の3か月間、放牧などの際に、試し乗りして使う。ここまでの段階では、ラクダは完全には調教されておらず、人を乗せることに十分慣れていない荒い性格も残っている。そのため、さらに調教する必要がある。この段階の調教作業をエムニゲ・ソルガホ（野生性を馴化する・訓練）という。この調教には経験が必要で、男性の体力と能力、手練が問われるとされる。

　B家では、2017年2月11日から12日にかけての2日間で、5頭のラクダを調教した。この5頭はすべて前年にはな木を刺し、軽く調教したものである。

　その日に作業に参加したのは、B氏、五男、娘、E氏（29歳、1988年生まれ、29歳）、近所のA氏、五男の友人であるC氏（1982年生まれ、35歳）、ラマ僧のD氏（1989年生まれ、28歳）の7人である。

　最初に、群れの繁栄、安泰と当日の調教作業がうまく進むことを祈って、ラマのD氏が念仏を唱えてから、以下の作業が始まった。

①調教対象である5頭のラクダを調教当日より5日前から、何も食べさせず、飲まさせずに結わえつなぎとめておく。この目的は調教ラクダを騎乗用として、より体力と耐久力を鍛えるためである。調査地では、この作業をウヤジュ・ハガサーホという。

②畜舎内のラクダを1頭ずつ外に引き出す。この時はまだラクダが人の指示にしたがって畜舎から出るのが困難なため、完全に調教された温和なラクダを前に率いて引っ張っていく。畜舎外に出したら、オヤーと呼ばれるつなぎ棒に1頭ずつはな木のロープを縛りつける（写真1）。

③ロープを引っ張りながら膝を折って坐らせることを教える。オロンと呼ばれる腹帯をラクダの両瘤の間にとおして締める。次に、6mほどの調教用ロープを腹帯につないで左側からラクダの後足の前をとおして後ろに力強く引っ張る（写真2）。

④もう一人がはな木にとりつけたロープを力強く引っ張り、首と頭を下げる調教をする（写真3）。ロープを、方向を変えて引っ張る際、「スゥへ、スゥへ」という掛け声をかける。1頭あたりに約1時間半これを続けると、膝を折って坐るようになる。

⑤坐れるようになったラクダをより大人しくさせるため、前足をロープで結び、さらに頭をそのロープで縛り、力強く引っ張る。これをを何回も繰り

写真1　調教するラクダを畜舎から引き出す

写真2　調教用ロープでラクダの後足を引っ張っている様子

写真3　首と頭を下げる訓練

写真4　ラクダが膝を折って大人しく坐る様子

写真5　調教中にラクダに乗る様子

返す。そうすると、大人しく膝を折って坐るようになる。この状態でラクダをつなぎとめておく（写真4）。

⑥調教がおわったラクダをつなぎ棒につないで一晩過ごさせる。

⑦翌朝も何度も坐る訓練をする。

⑧次に、実際にラクダに乗る。調教されたラクダの背に下敷きのフェルトを置き、腹帯で締めてから乗る（写真5）。

4　調教後のラクダ管理

騎乗のための調教を一通り終えて、放牧に出すまでの流れは以下のとおりである。

調教直後はラクダの体力が弱っている。そのため、ほかのラクダが調教直後のラクダを驚かしたり、追い立てたりしないように注意す

る。調教後の個体それぞれの様子をよく観察しておく。

　調教を行った後、4日～5日間は休ませる。そのために、調教を終えた日から、調教ラクダを家から遠くに行かせず、畜舎から少しだけ離れた、湿気がなく、清潔な場所を選んで宿営させる。調教翌日の夜からは、木に繋がず畜舎の周辺に自由に宿営させる。この期間中はラクダに水やりをしない。これを調査地でウスン・ソイラガ・タラビホ（水・禁止する・そのままにする）という。この期間中にラクダに水を飲ませるとラクダの体力が落ち、力がなくなり、騎乗に適さないようになるという。

　6日目からは通常の放牧に出す。しかし、その後も、個体ごとに様子を確認することを怠らない。もし、調教ラクダに何か異変があれば、すぐ灌木に繋ぎとめて休ませ、処置をする。

　これらの経過をへて、調教ラクダの体力が完全に回復したら、日常の放牧の中などで、さらに調教の足りない部分を補い、騎乗用のラクダに育てていくのである。

　これまで見てきたように、ラクダの調教は、生まれた直後から始まる。調教の第一歩は、「人に慣らす」ことであり、そのためには、まず、人に触られることを嫌がらないようにしなければならない。その次に大事なのは、仔ラクダが健康に育つことであり、与える餌、水、塩（ミネラル）などに注意をはらう。さらに、木に繋がれたり、頭部や脚にロープや道具を装着されることに慣れなければならない。また、放牧地での行動、ふるまいを教え、群れの他個体にも慣れさせる。ここまでは、ラクダの雌雄関係なく「人と場所に慣らす」のために行うラクダ調教の基本中の基本である。

　その後、はな木を刺してから軽く調教する。はな木を刺す最適な年齢は2歳の晩秋である。その後、さらに騎乗用に訓練するが、調教は3歳の2月～4月の時期に、2日に渡って行われる。騎乗のための訓練は、ラクダをロープでたたく、縛る、ロープに慣らせる、座らせる、の4段階を踏んで行われる。これらの訓練をへて、腹帯や鞍をつけて人を背中に載せることができるようになる。こうして、騎乗用のラクダ調教が完成するのである。

参考文献

梅棹忠夫
　　　1990　『梅棹忠夫著作集　モンゴル研究』東京：中央公論社。
児玉香菜子

2012 『「脱社会主義政策」と「砂漠化」状況における内モンゴル牧畜民の現代的変容』アフロ・ユーラシア内陸乾燥地文明研究会。

Möngjirgal
2006 *Alaša temegen soyol.*（アラシャーラクダ文化）内蒙古文化出版社。

第8章　牧畜民の暮らしを支えるラクダ毛
モンゴル国カザフ人の事例から

廣田千惠子

1　カザフ人とラクダ

　牧畜民の生活は、彼らが飼養する家畜によって支えられている。たとえば、モンゴル国に暮らすカザフ牧畜民[1]は、ヒツジ、ヤギ、ウマ、ウシ（ヤク）、ラクダ[2]を飼育し、家畜それぞれの特性に応じて衣食住に利用する［廣田 2020］。これら五種類の家畜のうち、ラクダは飼育されている頭数としては最も少ないが、カザフ人の生活には欠かせない家畜である。

　ラクダの主な利用方法には、乗用と荷駄がある。カザフ人は移動や交易の際に駄獣としてラクダを重宝してきた[3]。モンゴル国西部地域においては車やトラックが通れないほど岩石の多い山道があるため、現在でも移動・運搬手段としてラクダが用いられている（第9章参照）。

　地域でおこなわれる行事や祭典においては、一種のショーとしてラクダのレー

---

1)　カザフ人は、カザフスタンをはじめ、中国、ロシア、ウズベキスタン、モンゴル国、トルコなどに居住している。なかでも、本稿で取り上げるモンゴル国のカザフ人は、19 世紀末に現在の中国・新疆ウイグル自治区にあたるアルタイ山脈南麓から移住してきたカザフ人の子孫である。2020 年現在、モンゴル国内のカザフ人は約 11 万人である［Статистикийн мэдээллийн нэгдсэн сан 2021］。なかでも、国内西部地域に暮らすカザフ人には現在も牧畜を専業とする人がいる。

2)　カザフスタンではフタコブラクダに限らず、ヒトコブラクダや、これら 2 種とさらに 2 種を交配させた雑種が飼育されている［今村 2017］。他方、モンゴル国のカザフ人が飼育するラクダの種類はフタコブラクダに限られる。

3)　たとえば、19 世紀中葉のロシアと中央アジアの交易について論じた塩谷［2023: 出版予定］によると、18 ～ 19 世紀にオレンブルグ（カザフ草原北辺）を中心としておこなわれてきた交易において、カザフ人はラクダ 400 ～ 600 頭規模の隊商の御者を務め、多くの荷を載せて運んでいた。また、ロシア軍のヒヴァ遠征の際には、カザフ人たちからラクダが集められ、その数は 1 万 400 頭にものぼったという。このように、中央アジアにおいてラクダは古くから移動・運搬のための重要な手段であった。

スが開催される。大きな体を揺らしながら全力で走り去っていくラクダの姿は迫力満点だ。また、近年ではラクダに観光客をのせてトレッキングツアーを行うこともある。

　ラクダは食用でもある。ラクダの乳は搾乳され、攪拌発酵を経て、シュバト（Шұбат）[4]という発酵飲料となる[5]。シュバトは肺臓に良いといわれ、カザフ人の間で大変好まれている。昨今のパンデミック禍においては一層求められるようになり、市場での販売価格は1ℓあたり 8,000 〜 15,000 トゥグルク（約 350 〜 650 円）（2022 年現在）となっている。この価格は数年前の 2 倍〜 4 倍に相当する[6]。

　ラクダを屠ってその肉を食すこともある。屠った場合は、その肉は必ず近所の人々と分け合って食される[7]。ただし、ラクダの肉は他の四畜と比較すると、食べる機会は少ない。

　屠った後に得られる皮は鞣されて革紐となる。その革紐は非常に丈夫であるといわれ、牛革で作った紐と共に、主に馬具として使用される。また、細く切ったものは天幕型住居の蛇腹状の木壁を繋ぐ紐として用いられる。

　さらに、コマラク（Кұмалак）とよばれる丸い形をしたラクダの糞はよく燃えるため、集められて燃料として使用されることもある。

　このように、ラクダはカザフ人の暮らしのあらゆる場面と密接に関係している。本稿はそうした様々な利用のあり方のうち、とくに「毛」の利用に焦点を当てて紹介する。ラクダの毛もまた、彼らの生活を目に見えるところ、見えないところで支えている。

---

4)　本章で示す現地語はとくに理がない限り全てカザフ語である。カザフ語表記は、現在モンゴル国で使用されている改良キリル文字カザフ語（1940 年制定）の正書法に則って記す。

5)　カザフスタンのアラル海近郊のカザフ牧畜民の間ではラクダの乳から乾燥チーズ（クルト）などの乳製品が作られることも報告されている［地田 2019］。モンゴル国のカザフ人がラクダの乳から乳製品を作れないわけではないが、同地域ではウシ、ヒツジ、ヤギ、ウマからも搾乳するため、シュバト以外のラクダの乳加工はおこなわれていない。

6)　2019 年当時のシュバトの市場での販売価格は1ℓあたり 4000 トゥグルクであった。なお、販売価格は時期によって異なる。冬期はとくに価格が高くなる。

7)　なお、ラクダ 1 頭の肉はヤギ 24 頭以上分の肉に相当するという［児玉 2019: 40］。このように、1 度屠ると 1 世帯で消費するのは難しいことから、分け与えるようになったと考えられる。

2　柔らかく暖かな毛 " カブルガ・ジュン "

　獣毛繊維の一種であるラクダの毛は、日本では総じて「キャメル（キャメル・ウール）」として知られ、我々の生活の中でもその加工製品が用いられている。しかし、ラクダの毛は厳密には生える部位によって毛質が異なる。そのため、カザフ人は毛質に応じて使い分けている。

　ラクダの総称をトゥイエといい、ラクダの毛を総じてトゥイエ・ジュン（Түйе жүн）という。そのなかでも、胸毛のことをカブルガ・ジュン（Қабырға жүн）という。この毛は我々が「キャメル」とよぶ毛と同じである。

　ラクダの胸毛は柔らかく、フェルトや編み物のための毛糸を作るのに適している。また、毛布を作るときに、中綿としても使える。

　ただし、近年では、これら用途として用いられる毛はヒツジのウールから十分に得られることから、ラクダの胸毛をわざわざ個人的に使用する世帯は少ないという。

　そのため、ラクダの胸毛はたいていすぐ売却される。胸毛は成畜ラクダ1頭から約5kg取れる。1kgあたりの価格は約4000〜5000トゥグルク（約160〜200円）(2019年現在) である。同地域ではヒツジ1頭分の毛が1000トゥグルク程度であることを考えると、ラクダの毛はカシミアほどではないが、それなりの利益をもたらしているといえよう[8]。胸毛はたいてい春から夏にかけて自然に抜け落ちる。抜け落ちなかったものは7月頃にハサミで刈り取る。

　毛は売買された後、工場で加工されて主に衣服となる。ラクダの毛を原料として作られる衣服は、セーター、靴下、マフラー、股引、手袋、帽子、毛布など、主に冬期に用いられるものである。これは、ラクダの毛が保温性に優れていることによる。ラクダの毛は細かい穴のあいた多孔質繊維であり、穴に空気を含むことができる。同時に、ラクダの毛は吸湿力と発散力にも優れており、このことからラクダの毛で作った衣服を着用すると、蒸れることなく快適に過ごすことができる。

　モンゴル国において、これらの製品は羊毛やカシミアなどでも作られているが、ラクダ毛製品は羊毛よりも丈夫であり、カシミアよりも安価で手に入れや

---

8)　ラクダの毛の価格と経済的利用については、中国内モンゴル自治区アラシャー盟エゼネー旗のモンゴル牧畜民においても、ヤギとラクダの毛が重要な収入源になっていることが報告されている［児玉 2019: 44-46］。

すいという。厳冬期にはマイナス 40 〜 50℃にも至るほどの寒さになるモンゴル
の冬の生活では、丈夫で気兼ねなく使えるラクダの毛製品は、まさしく生活必
需品である。

<h2>3　硬くて丈夫な毛"チュダ"</h2>

　ラクダの首元、膝の上、コブの辺りに生えている毛の中には、他よりやや長
い毛が含まれている。それら長い毛はややごわごわした硬い毛質をもつ。この
硬い毛はチュダ（Шуда）[9]といわれ、焦げ茶色の煙のような見た目をしている（写
真 1）。

　カザフ人はこの硬い毛を縫製用の糸として用いる。チュダは毛のまま売却さ
れても胸毛以上の値が付くが、カザフ人にとってこの毛は糸としての需要が高
いため、たいていは紡錘棒を使って毛を紡いで糸にして自ら使う、あるいは糸
にしたものを売るという。

　チュダはたいてい春に自然に抜け落ちるか、4 月に刈られる。毛を紡ぐ前に毛
の繊維からゴミを丁寧に取り除き、繊維の方向を揃える。繊維を整えた毛を掌
に持ち切れる程度に掴んでおく。紡錘棒の先端には釘などのひっかけられるも
のが取り付けられているので、そこに毛の先を適当に絡ませる。あとは、掌の
中の毛を少しずつ引っ張り出しながら紡錘棒を回転させると、毛に撚りがかか
り糸となる（写真 2）。この糸を、「チュダ・ジップ（Шуда жіп：チュダの糸）」という。
糸となった部分は紡錘棒の柄の部分に巻き付けていく。糸が細すぎず、太すぎ
ず、一定になるように引き出す毛の量を調整し、少しずつ撚りをかける。

　筆者も実際に現地で糸紡ぎに挑戦してみたところ、はじめは太さが一定にな
らなかったが丸 1 日練習を重ねるとほぼ同じ太さで紡げるようになっていた。
毛質が硬く、絡みやすいためか、初心者でも紡ぎやすい。

　ある程度の量の糸を巻いたら、今度はその糸を紡錘棒から取る。チュダ・ジッ
プは縫い物用の糸なので、紡いだ糸を縫いやすい長さに揃え分ける。その手順
は次のとおりである（写真 3）。

　①糸の端を、人差し指の先端に一回巻く。

　②その糸を手の甲側から手首を通して 1 周させる。

---

[9]　カザフ語に「煙る、くすぶる、どんより曇る」といった意味をもつチュダラノウ
　　（Шудалану）という動詞がある。ラクダの首・膝上・瘤辺りの毛も同じく煙のような
　　見た目であることから「チュダ」という名称が付けられているという。

写真 1　チュダ
モンゴル国バヤン・ウルギー県サグサイ郡（2013 年 11 月）

写真 2　チュダを紡ぐ
モンゴル国バヤン・ウルギー県ボルガ
ン郡（2017 年 6 月）

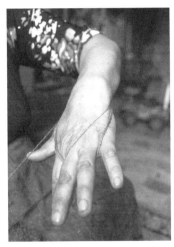

写真 3　チュダを手に巻いてひと縫い
用の長さに分ける様子。モンゴル国バ
ヤン・ウルギー県ボルガン郡（2017 年
6 月）

写真4　チュダ・ジップ（サバク・ジップ）の束
モンゴル国バヤン・ウルギー県サグサイ郡（2013 年 11 月）

③手の甲側から人差し指と中指の間を通して手のひら側へ、その糸を手のひら側から薬指と小指の間を通し、手首を通して人差し指に戻す。

あとは、③を 5 回ほど繰り返したところで、糸を切る。糸を切るときは、切る部分を親指と人差し指でつまみ、撚った向きとは逆向きの回転をかける。すると、かかっていた撚りが解けて、つまんだ部分が切れる。切れた端部分と、①の人差し指に巻き付けていた端を揃えて引っ張っていくと、かかっていた撚りによって糸が絡まりあって、1 本の糸が双糸（片撚りの糸を 2 本撚り合わせた状態）になる。

この糸をカザフ語で「サバク・ジップ（Сабақ жіп）」という。サバク・ジップとは「縫い物をする際に扱いやすい長さとなっている糸」を意味する。その長さは、作り手の手の大きさにもよるが、たいてい 80 〜 110cm ほどで揃う。たくさん作られたサバク・ジップは束にしておく（写真4）。

4　チュダ・ジップで縫われる様々な道具

カザフ人社会では、性によって扱う手芸の素材や技法が異なり、毛は一般的に女性が扱うものとみなされている。チュダ・ジップは硬くて丈夫であることから、カザフの女性達はこの糸を、革やフェルトを縫い合わせて衣服や道具を作る際に用いる。以下では、チュダ・ジップが求められる主な 3 つの場面を紹介しよう。

第 1 に、天幕型住居に巻く住居用フェルトを縫い合わせるときに用いる。モンゴル国西部地域に居住するカザフ人は、たいてい 5 月から 10 月にかけて天幕

写真 5　敷物スルマックをチュダ・ジッ
プで縫う。モンゴル国バヤン・ウルギー
県サグサイ郡（2013 年 11 月）

写真 6　敷物スルマックをチュダ・ジップ
で刺し縫う。モンゴル国バヤン・ウルギー
県サグサイ郡（2013 年 11 月）

型住居で暮らしている。カザフ語で「キーズ・ウイ（Киіз үй）」と呼ばれるこの
住居は、モンゴルのゲル同様、その全体がフェルトで覆われている。カザフ人
は夏になると天幕型住居を出す前にその住居を覆うフェルトの弱っているとこ
ろなどを確認して修繕をするが、その際チュダ・ジップはその丈夫さゆえに、
フェルトを縫い繋ぐ糸として重宝される。

　第 2 に、フェルトの敷物「スルマック（Сырмак）」を刺し縫う際に必要とされ
る［廣田 2017: 102］（写真 5）。

　スルマックについて触れておくと、この敷物はカザフ人にとって生活必需品
であるだけではなく、それを作る事、使う事、贈る事において文化的意義をも
つ［廣田 2021］。たとえば、スルマックはカザフ民族・文化を象徴する道具とみな
されており、その表面には必ずカザフ文様がほどこされる。また、婚姻儀礼の
際には、新婦母は新郎父とその兄弟全員に対して敬意を示すため、このスルマッ
クを作って贈る。今日では市場で売られている敷物・絨毯を贈ることも多くなっ
たが、それでも新郎父には手縫いのスルマックを贈ろうとする人が今でもいる。

　スルマックという名称は、カザフ語の「刺し縫いをする」という動詞 "スロ
（Сыру）" から派生している。言葉のとおり、敷物全体に刺し縫いがほどこされる
［Муканов 1979: 45］。スルマックの中でも、フェルトにしっかりと厚みがあり、チュ

写真 7　帯紐コルをチュダ・ジップで刺し縫う。
モンゴル国バヤン・ウルギー県サグサイ郡（2018 年 8 月）

ダ・ジップで丁寧に刺し縫われたものは、良いスルマックとして好まれる（写真6）。刺し縫い用の糸は縫う際にしっかりとフェルトの中に引き込まれるためスルマックの表面からは見えないが、しかし、人々はそれがチュダ・ジップで縫われたかどうか、すぐにわかるという。他の糸で縫った敷物よりも、ずっと長持ちするからだ。

　さらに、チュダ・ジップが縫い合わせるのはフェルトだけではない。第 3 に、コル（Kур）といわれる毛の帯紐を作るときにも用いられる［Элима 2007: 57］。コルは、家畜を縛る際に使われるほか、天幕型住居の安定を保つために蛇腹状の木壁の中央部分に外側から巻かれる紐としても用いられる。同じような帯紐にテルメ・バオ（Терме бау）とよばれるものがあるが［廣田 2017］、テルメ・バオは地機を使って織られるのに対して、コルは針で刺し繋いで作られる。その丈夫さはコルのほうが勝るという。

　コルの基本的な作り方は、次の通りである。まず、ヒツジの毛に右撚りに綯った細めの紐を 2 本、左撚りになった紐を 2 本用意する。それぞれを交互に横に並べて、その脇から針を刺し込んで糸を通す（写真 7）。反対側からも針を刺し込み、針を左右に動かしながら縫い繋いでいく。この時、針に通っている糸はチュダ・ジップである。

　敷物同様に、チュダ・ジップはコルの表面から見えないが、たとえばこれが羊毛糸で刺し縫われていた場合、長く使い続けているうちにコルが緩んでしまう。チュダ・ジップで縫ったものであれば、ウマなどの大型動物を結んだりすることに使用できるほど丈夫な紐ができる。それゆえに、牧畜作業をおこなう上で欠かせない道具を作る際には、チュダ・ジップが必要とされる。

5　ラクダの毛と共にある暮らし

　以上のように、ラクダの毛はカザフ牧畜民の生活に暖かさをもたらし、彼ら
が用いる道具の質を保っている。ラクダの毛の中でも、カブルガ・ジュンなど
の比較的柔らかい胸毛は主に売却されるようになっているが、チュダといった
硬い毛は糸となり、今日もなおカザフ人の間で用いられている。

　ただし、冒頭で述べたように、ラクダの飼養頭数はそもそも限られており、
全てのカザフ人世帯がラクダを飼育しているわけではない。そのため、チュダ・
ジップが必要になった時、人々はたいてい市場で牧畜民が紡いだものを購入す
る。チュダ・ジップの価格は、10 本で 3,000 トゥグルク（約 120 円）（2019 年現在）
と、現地の物価から考えると高額である。昨今では中国から輸入されたより安
価な糸を市場で容易に入手できることもあり、フェルトや紐の縫い合わせには、
必ずしもチュダ・ジップが用いられるわけではない。しかしそれでも、カザフ
人の間では「質の良いものを作りたいのであれば、やっぱりチュダ・ジップの
ほうがいい」と、はっきり認識されている。それは、彼らが長きに渡り受け継
いできた経験であり、ラクダへの信頼を物語っている。

　［謝辞］本稿にかかわる現地調査は、財団法人平和中島財団「平成 24 年度日本人奨学生奨
　　　学金」（2012 ～ 2014 年）、財団法人片倉もとこ記念沙漠文化財団「2016 年度若手研究
　　　者助成」（2017 年）、JSPS 平成 30 年度特別研究員奨励費（研究課題番号 18J12062）（2018
　　　～ 2020 年）および JSPS 科研費（研究課題番号 18H03608、研究代表者：名古屋学院大学・
　　　今村薫教授）（2018 年）の助成を受けておこなわれました。関係者の皆様に、衷心よ
　　　り感謝の意を表します。また、モンゴル国での現地調査を支えて下さった皆様、本稿
　　　を執筆するにあたりご指導くださった先生方に深く御礼申し上げます。

引用文献
今村薫
　　2017　「カザフスタンにおける 2 種の家畜ラクダとそのハイブリッド飼育について」
　　　　　今村薫編『カザフ人の牧畜文化——ラクダ牧畜、文様と装飾』（アフロ・ユー
　　　　　ラシア内陸乾燥地文明研究叢書 15）、1-12 頁、中部大学中部高等学術研究所。
児玉香菜子
　　2019　「フタコブラクダの食利用と経済的利用——中国内モンゴル自治区アラ
　　　　　シャー盟エゼネー旗の事例から」今村薫編『牧畜社会の動態』（中央アジア牧
　　　　　畜社会研究叢書 1）、29-48 頁、名古屋学院大学総合研究所。

家畜としてのラクダ・多彩な利用

塩谷哲史
 2023 「草原の交易とラクダの利用——19 世紀中葉のロシアと中央アジア」今村薫編『中央アジア牧畜社会』京都：京都大学出版会。

地田徹朗
 2019 「カザフスタン・小アラル海地域での牧畜の特性に関する萌芽的調査——遠隔村・アクバストゥ村を中心に」今村薫編『牧畜社会の動態』（中央アジア牧畜社会研究叢書 1）、49-62 頁、名古屋学院大学総合研究所。

廣田千恵子
 2017 「モンゴル国カザフ人の装飾文化」今村薫編『カザフ人の牧畜文化——ラクダ牧畜、文様と装飾』（アフロ・ユーラシア内陸乾燥地文明研究叢書 15）、89-152 頁、中部大学中部高等学術研究所。

 2020 「モンゴル国カザフ牧畜民の季節移動——バヤン・ウルギー県サグサイ郡を事例に」今村薫編『遊牧と定住化』（中央アジア牧畜社会研究叢書 2）、45-66 頁、名古屋学院大学総合研究所。

 2021 「フェルトの敷物・スルマック」『毛糸だま』192: 22-25 頁、東京：日本ヴォーグ社。

Әлима Ысқаққызы
 2007 *Сырмақ өнері*（スルマックの技法）Алматыкітап. Алматы.（カザフ語）。

Муканов. М.С.
 1979 Казахские домашние художественные ремесла（カザフの手工芸）Издательство Казакстан. Алма-ата.（ロシア語）。

統計集
Статистикийн мэдээллийн нэгдсэн сан 2021.
https://1212.mn/BookLibraryDownload.ashx?url=Census2020-Main-report.pdf&ln=Mn
（モンゴル国国立統計局 2021、人口・世帯に関する 2020 年度国家定期算出統計集）
（2022 年 5 月 29 日最終閲覧）

第9章　フタコブラクダでの移動と運搬
モンゴルのカザフ人の例から

今村　薫

はじめに

　モンゴル国西部のアルタイ山中で牧畜を行うカザフ人は、季節に合わせて年に 3 〜 4 回、家畜群を連れて移牧する。カザフ人は、季節ごとの植生や気温が標高によって異なることを利用し、垂直移動を行う。移牧の際に家屋（天幕）や家具、衣服、日用品、食料を運ぶが、トラックを使う人が増えている中で、フタコブラクダを使って膨大な荷物を運ぶ家族も少数ながら残っている。

　牧畜民は、農業と牧畜の両方を行う農牧民と、牧畜だけを行う専業牧畜民に大別できるが、この専業牧畜の形態には、遊牧、移牧、定牧の 3 種がある ［稲村 2014］。牧畜社会の特徴は、人間が家畜群とともに移動する技術をもった社会であること ［谷 2010］ であり、牧畜とは人間と家畜群が共生したときにはじめて可能となる生活様式である。遊牧、移牧、定牧のいずれの形態であっても、これは、家畜を生存させることを第一の目的としており、人間の快適さを追求した結果ではない。

　定牧は、1 か所に定住して家畜を牧草地まで往復させる、あるいは、住居から離れた場所の放牧地で家畜を飼う形態である。家畜中心の農場を経営する場合もこれに含まれる。いずれにしても、人間の住まいは移動させない。

　遊牧は、家畜とともに人間が住居を移動させる形態である。移動は、季節変化だけでなく、家畜が牧草を食い尽くした、あるいは、家畜に飲ませる水が枯渇したなどの様々な理由で不定期に移動する。次に述べる移牧と異なり、標高がそれほど変わらない地域を水平移動する場合が多い。

　一方、移牧は季節に合わせて定期的に、標高の異なる場所を移動する形態である。夏に草がたくさん生えた高地に移動して家畜に牧草を十分に食べさせるだけでなく、低地での不快な高温や害虫から家畜を守る機能も併せ持つ。冬は標高の低いところに冬営地を構え、家畜を寒さから守る。家畜の餌として、夏から秋の間に集めた牧草を乾燥させた干し草を与える場合が多い。

　カザフ人の伝統的な家畜構成は、ヒツジ、ヤギ、ウシ、ウマ、ラクダ、ロバなどだが、降雨量が極端に少ない乾燥地ではウシやウマを飼うことができない。

　カザフスタンの牧畜は、ソ連時代の共同農場を経て現在は定牧がほとんどである。かつて移動していた時は、水平移動が多かった。

　モンゴル国に目を移すと、多数派のモンゴル人については、水平移動である遊牧が多く報告されている。しかし、モンゴル国の西端、アルタイ山脈北麓に住むカザフ人は垂直移動による移牧を行う［西村 2011］。これは、モンゴル国のカザフ人が標高1000mを超える高地の、夏と冬の気温差の大きい地域に住んでいるせいだけでなく、彼らがモンゴル人と比べて少ない土地に密集して住んでいることによるものでもある［西村 2011］。

　モンゴル国のカザフ人は、春夏秋冬に合わせて、家畜の牧草地と人間の住居を移動させるが、4回移動するとは限らず、夏秋冬の3回だけ、あるいは春夏冬の3回だけ移動させる人も多い。いずれにしても、家畜に牧草を食べさせて太らせる夏営地と、マイナス20℃を下回る厳しい冬を家畜とともに超える冬営地は、どのカザフ人も確保している。

　カザフ人が移牧のために移動するときは、家畜を移動させるだけでなく、人間の住居（移動式住居、すなわち天幕）と寝具や衣類、食料、食器などの家財道具一式も運搬する。そして、移動後に数時間のうちに天幕を建てて日常生活を再開させる。

　これらの家屋と家財道具は合わせて1tを超える。荷物は、最近のカザフ人はトラックで運ぶ場合がほとんどだが、2017年と2018年の時点で、ボルガン郡で3家族（拡大家族）だけ、夏営地までの運搬をフタコブラクダに積んで行っていた。これらの3家族は、川沿いの細くて急峻な道を通らなくては到達できない場所に夏営地を設けており、自動車（四輪車）での移動は不可能なのである。

　ユーラシア大陸とアフリカ大陸では、かつてはラクダによる運搬が交易において重要な役割を果たしてきたが、近年のモータリゼーションにともない、ラクダを運搬に使う機会はめっきり減った。著者は、冬季のカザフスタンにおいてラクダがソリを引いて人間や荷物を運ぶのを観察したことがあるが、ラクダが大量の荷を積んで長距離を移動する場面を見たことがなかった。

　そこで、今回、モンゴル国でラクダに家財道具を積んで移動する様子を観察することにした。本章では、ラクダに荷物を積載する順番や技法を報告し、時代とともに消えつつあるラクダによる運搬技術の記録を行う。

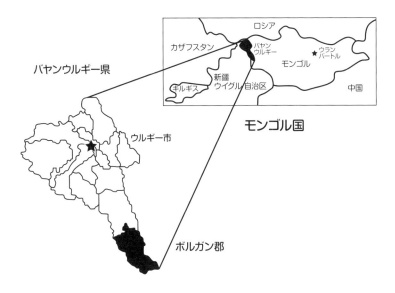

図1　調査地

1　調査地の概要と調査方法

　調査は、モンゴル国西部バヤン・ウルギー県で行った（図1）。調査期間は、2017年8月5日から8月25日までと、2018年6月9日から6月25日までである。2017年は、バヤン・ウルギー県の中のウルギー市、アルタイ郡、サグサイ郡、ボルガン郡で家畜の飼育頭数や分布状況を調査した。2018年は、ボルガン郡を中心に移牧の実態の調査を行った。このときのボルガン郡における移牧に関する聞き取りと参与観察は、4軒の家を対象に行った。

　その4軒のうち、ラクダで運搬を行ったのはN氏だけであったので、ここでは、とくにN氏の例を記載する。N氏（55歳）の家族構成（同居）はN氏夫婦、長男夫婦と彼らの赤ん坊（1歳の男子）、7人の未婚の子どもたち（2男5女）の合計12人だった。他に結婚して別の町に暮らす長女がいるということだった。2018年6月13日に、まず長男夫婦（＋赤ん坊）とN氏の娘3人が夏営地に移動し、この移動に立ち会うことができた。N氏自身の天幕と家財道具の移動は後日行うということだったが、著者の限られた時間内に観察することはできなかった。

2　運搬の実態

1　営地の場所

　N氏の春営地、夏営地、秋営地、冬営地のGPSデータを地図上に表示した（図2）。また、これらの営地の標高差と距離を図3に概念化した。春営地から夏営地まで、8kmほど離れており、標高差は433mである。

　N氏は、春夏秋冬、4か所に住居と牧草地を含む営地を持っているが、秋営地を使うのは、寒さが早くやってくる年に限られており、例年は使わないことが多いという。

　N氏は、冬営地と春営地には、木造の頑丈な固定住居を建てている。この家はスタック・ウイといい、「暖かい家」を意味する。廣田［2016］によると、「カザフ人は元来固定住居を有してはいなかった。しかし、彼らはモンゴル人民共和国の社会主義期後期、1980年代頃からスタック・ウイに住むようになった。」

　N氏は自動車を保有しており、冬営地から春営地の移動は車で行う。ベッドなどの家財道具と食料は車で運ぶ。また、ヤギとヒツジを合わせて200頭ほど飼っており、とくにヤギは品種がカシミヤヤギであり、その毛がN氏の主な収入源である。ヤギとヒツジからは乳を絞り、乾燥チーズを売る場合もある。さらに、ヤクを8頭（母4頭と仔4頭）飼っており、ヤクの乳からバターや酸乳を作る。これらは主に自家消費される。

　夏営地と秋営地には、移動式住居を立てる。この家は、組み立て・解体可能な住居であり、キーズ・ウイと呼ばれる。キーズ・ウイとは、カザフ語で「フェルトの家」を意味する。これは、一般的にユルタと称される遊牧民の住居の一種であり、モンゴル人の移動式住居ゲルと似ている。

　現在、モンゴルのカザフ人のほとんどは、車で春営地から夏営地に移動している。トラックを借りて移動式住居（天幕）と家財道具一式を車に積んで運ぶ。家畜は歩いて移動させる。

　しかし、N氏の夏営地は自動車が通れない場所にあるので、現在もラクダで住居と家財道具を運び、現場ですばやく家を組み立てている。春営地と夏営地間の人間の移動は、徒歩（約2時間）、乗馬、バイクで行っている。

2　移動と移動前後の時間配分

　N氏は6月13日に、先発隊（長男夫婦と娘3人）を、春営地から夏営地に移動

図2　N氏の季節ごとの宿営地

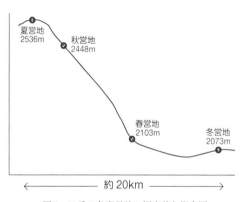

図3　N氏の各宿営地の標高差と概念図

させた。また、翌日の14日に家畜群（ヤギとヒツジ）を移動させた。その時間配分は以下のとおりであった。

6月13日

　　6：38　ラクダ5頭に荷物を積み始める。

 8：10 ラクダ 5 頭とウマ 3 頭で春営地を出発する。

 10：37 夏営地に到着する。すぐに荷物を降ろし、住居（天幕）を組み立て始める。

 11：25 〜 12：04 紅茶と揚げパンを食べて休憩。

 12：04 住居を立てることを再開。

 15：55 住居が完成。

 17：00 壁掛けを吊り、家財道具を家の中に入れて、皆でお茶の時間にする。

 この日は、春営地から夏営地までの約 8km の距離を、荷物を積んだラクダを引いておよそ 2 時間半かけて移動した。夏営地に到着後、すぐに天幕を組み立てる作業に取り掛かり、休憩を除いて 3 時間弱で家を完成させた。

 家が完成してから、N 氏は、長男夫婦と娘 3 人を夏営地に残し、自分はラクダ 5 頭を連れて春営地に帰って行った。翌朝、再び、N 氏はラクダ 5 頭に荷物を積み、ヤギとヒツジ（合わせて約 200 頭）とヤク 8 頭を移動させた。14 日にラクダに積んだのは N 氏自身の天幕とタンス 2 つだった。

3 ラクダへの荷積みの方法

 N 氏は、オスのフタコブラクダを 5 頭飼っており、これらに、住居と家財道具、衣類、食料を積んだ。（メスのラクダは飼っていない。）荷物の積み方は以下のとおりであった。

 (1) 天幕の壁と屋根に使うフェルトをラクダのコブに巻く（写真 1）。

 (2) 天幕の屋根棒などの長いものを、ラクダに左右均等に載せる。この状態をコムダウという（写真 2）。

 (3) 左右均等に荷物を載せる（写真 3）。この状態をテンデウという（写真 4）。

 (4) 荷物を紐で横と縦に縛る（写真 5）。締め終わった状態をタルティウという（写真 6）。

 (5) この上に、食料、家具、食器などを載せ、絨毯で覆う。

 (6) さらに、扉、天窓、ゆりかごなどを載せる。

 ラクダをまず座らせてから、上記の順番でラクダに荷物を積んでいく。ラクダのコブの間とコブの前後にロープを回して荷物を固定させるが、数人の人間

写真 1　フェルトをコブに巻く
（撮影：今村薫、以下同じ）

写真 2　屋根棒を左右均等に載せる

写真 3　荷物を左右均等に載せる

写真 4　左右に荷物を載せ終わった状態

写真 5　荷物を紐で縦横に縛りつける

写真 6　数人で荷物を紐を固く締める

写真7　荷積みが完成した状態　　　　写真8　ラクダに荷物を載せて移動中

がラクダの両側から体重をかけて、かなりきつく締め付けるのでラクダが悲鳴を上げることがある。種オスラクダ（8才）の例を以下にのべる。

　フェルトをラクダのコブに巻いてから、左右に格子状の壁をたたんだ形で載せ、その上に壁用フェルト（ラクダの左側）とミシン（ラクダの右側）を載せてバランスをとる。これらの荷物の間に布やフェルトを詰め、さらに煙突を載せた。最後に、家の扉を載せ、床敷カーペット（カザフ語でサルマック）をかけて4人がかりでロープできつく縛り荷物を固定した（写真7）。

　この後、人がラクダに声をかけて合図をすると立ち上がり、高地にある夏営地に向かって移動を始めた（写真8）。

4　それぞれのラクダの積載量

　N氏が飼っているラクダは、すべて雄である。彼らはラクダに固有の名前を付けておらず、「種オス（ブラ）」「去勢オス（アタン）」というカテゴリー名で読んでいる。そこで、ここでは、仮にラクダ1、ラクダ2、ラクダ3、ラクダ4、ラクダ5と個体識別することにする。

　ラクダの年齢は、ラクダ1からラクダ5まで順番に、8歳、8歳、6歳、5歳、5歳である。種オスは去勢オスより力が強いが、扱いにくい場合があるという。フタコブラクダの雄は約5歳で成獣になり、10歳前後が駄獣としてはもっとも力がある。ラクダは最長で20歳くらいまで生きるというが、15歳を越えたラクダを人間が飼うことは稀である。

　5頭のラクダの性・年齢と、6月13日に運んだ荷物の重さを表1にまとめた。

　この日に5頭のラクダが運んだ荷物を「家の材料」と「家財道具」に分け、それぞれの品目のリストと重量を表2、表3にまとめた。住居（天幕）の重さは

表1　ラクダ5頭の年齢および積載量

No.	性別	年齢	積載量（kg）
1	種オス	8	265
2	去勢オス	8	260
3	去勢オス	6	218
4	去勢オス	5	187
5	去勢オス	5	183
			合計 1113

写真9　格子状の壁と屋根棒を組み立てている

写真10　壁用のフェルトと屋根用のフェルトを巻きつけている

写真11　写真10の家の中に設置されたベッド、寝具、戸棚、ゆりかご

写真12　美しい壁掛けとカーペットで家の中を飾る

全部で 727kg であった。この天幕は、N氏の長男夫婦のもので、「壁（ケレゲ）5枚、屋根棒（オーク）80本」というもっとも小型の部類にはいる（写真9、10）。N氏自身の天幕は、さらに大型のものであるということだった。

　家財道具は、天幕の中に入れて使う寝具、食器、絨毯などである（写真11、12）。絨毯（トゥス・キーズ）は、壁にかけて使い、防寒と同時に美しい装飾を楽

家畜としてのラクダ・多彩な利用

表2　家の材料とそれぞれの重量

品目	カザフ語	重さ（kg）	個数	合計（kg）
扉		38	1	38
壁（木製、格子状）		24	5	120
天窓（木製）		18	1	18
屋根の柱（木製）		1	80	80
フェルト（壁用）		30	4	120
フェルト（屋根用）		40	4	160
フェルト（天窓用）		18	1	18
防砂壁（葦製）		8	4	32
下端部の防砂壁（葦製）		5	4	20
屋根部の飾り布		12	1	12
覆い布（内側）		27	1	27
覆い布（外側）		35	1	35
防水シート		32	1	32
紐類		15	1	15
合計				727

表3　家財道具の種類とそれぞれの重量

名前	カザフ語	重さ（kg）	個数	合計（kg）
ベッド		32	1	32
マットレスと金網		30	1	30
食器だな		22	1	22
椅子		8	1	8
カーペット（床敷）		8	4	32
絨毯（壁掛け）		7	4	28
布団		7	5	35
枕		1	5	5
ゆりかご		18	1	18
食器類		20	1	20
ミシン		20	1	20
食料（小麦粉など）		50	1	50
衣類		20	1	20
ストーブ		45	1	45
鍋		7	2	14
やかん		1	1	1
水差し		1	1	1
乳攪拌用革袋		5	1	5
合計				386

写真13　トゥアレグ人がヒトコブラクダで荷物を運搬するときの鞍（アルジェリア）

写真14　モンゴル人がフタコブラクダで荷物を運ぶときの道具（中国内モンゴル自治区）

しむものである。床敷カーペット（サルマック）も、カザフ文様のアップリケが施されている。6月13日に運んだ家財道具は全部で386kgであり、この日5頭のラクダは合わせて1113kgの荷物を運んだ。

3　ラクダによる運搬

　ラクダが長距離移動する場合に、運搬できる荷物の重さは一般に300kg前後と言われている。(短時間なら600kgを載せることができるという。)今回のN氏のラクダは、おおよそ180kgから270kgの荷物を運んだ。標高差433mを一気に上るのだから、このくらいの荷重が妥当なのではないだろうか。

　今回の調査時に運んだ荷物（合計1113kg）は、すべてN氏の長男のものであった。しかし、N氏自身の天幕は、より大型のものであるという。また、N氏の家財道具には、重いものとしてベッド4個にタンス2個が含まれ、しかもタンスは古い時代のもので非常に重厚である。

　一般に、小さな天幕（および家財道具）を運ぶにはラクダ5頭で足りるが、大きな天幕（および家財道具）を運ぶにはラクダ10頭が必要であるという。N氏の場合は、ラクダ5頭を何度も春営地と夏営地を往復させることで、自分の天幕や家財道具を運んでいた。

　ラクダで荷物を運ぶに際し、荷物用の鞍を使う場合がある。例えば、アルジェリアのラクダ遊牧民トゥアレグは、ヒトコブラクダのコブの上（頂点の前方）に荷物用の鞍を置いて荷物を運んでいた（写真13）。

　一方、フタコブラクダの場合、コブとコブの間に人間が座ったり、あるいは

荷物を縛るロープを通したりして、コブの間に加重がかかりがちである。このため、このコブの間の背骨を傷めやすいという。

　歴史的には、シルクロードなどの長距離輸送にフタコブラクダを使ったときは、コブ全体を覆うような鞍を考案し、なるべく加重を分散させて荷物を運んだ。

　モンゴル人の場合、フタコブラクダで荷物を運ぶ道具を使っていた。羊毛などを入れた袋の両側に、木の棒を渡したものである（写真14）。あるいは、袋の代わりに、移動式住居ゲルの壁面のフェルトをフタコブラクダのこぶに巻き付ける。

　今日のモンゴル国に住むカザフ人は、鞍を使わない。そのかわりに分厚いフェルトを巻いてコブを保護し、荷物を縛るロープはコブの間だけなく、前のコブの前方、後ろのコブの後方にとおすようにしている。

　ラクダは肉、乳を食用に利用できるだけでなく、糞も燃料として使える。さらに、ラクダは乾燥地だけなく寒冷地にも耐えることができる。また、他の家畜よりも運搬力においてすぐれており、カザフ人の遊牧と移牧を歴史時代から現在まで長期に渡って支えてきたといえよう。

引用文献

稲村哲也
　　　2014　『遊牧・移牧・定牧——モンゴル・チベット・ヒマラヤ・アンデスのフィールドから』京都：ナカニシヤ出版。

谷　泰
　　　2010　『牧夫の誕生——羊・山羊の家畜化の開始とその展開』東京：岩波書店。

西村幹也
　　　2011　「モンゴル国のカザフ人」『日本とモンゴル』46(1): 25-31。

廣田千恵子
　　　2016　「モンゴル国カザフ人の装飾文化」今村薫編著『カザフ人の牧畜文化——ラクダ牧畜、文様と装飾』（アフロ・ユーラシア内陸乾燥地文明研究叢書15）、1-12頁。

第 10 章　トルコのラクダ相撲
駄獣からレスラーへ

今村薫・田村うらら

はじめに

　トルコには、雄ラクダを闘わせる「ラクダ相撲」がある。この相撲を行う「ラクダ・レスラー」は、フタコブラクダの雄とヒトコブラクダの雌を交配させて作った F1（雑種 1 代目）であり、非常に大きく力強いラクダである。現在は相撲のためだけに生み出される特殊なラクダである。このラクダがどのような様相をしており、どのように作り出されるか、さらにどうやって人間に飼われているのかに私たちは興味を持ち、2019 年 3 月、まずはラクダ相撲を現地に見に行ってみることにした。

　ラクダといえば「砂漠の船」と例えられるように、古くから交易に使われ、人や荷物を載せる駄獣として使われてきたが、自動車の発達とともにこの役目を終え、近年は、アフリカでは食用として、また中東と中央アジアではラクダ乳の利用へと重点が移っている。このような世界的な流れの中で、どうしてラクダ相撲という風習が残っているのか、その歴史的経済的背景も気になるところである。

　ラクダ相撲が行われるのは、トルコの中でも西部に限られ、ラクダの発情期に合わせた開催期間も通常 10 月から 3 月までである。私たちが事前に入手した、2018 〜 2019 年シーズンのラクダ相撲大会の予定表によれば（表 1）、11 月から 3 月までアイドゥン県、イズミル県を中心に 82 大会が予定されていた。そして、私たちは 3 月最後のラクダ相撲を見学するつもりで、2 つの開催地に前日から赴いた。しかし、運の悪いことに、トルコの選挙（2019 年 3 月 31 日の統一地方選挙）直前の運動期間と重なってしまい、予定していたラクダ相撲大会がことごとく中止になってしまった。そのため、大会の様子を調査することはできなくなった。しかし、ラクダのオーナーたちに時間的余裕ができたおかげで、ラクダを飼育している牧場を訪ね、ラクダ相撲の歴史やラクダの飼い方について詳しい説明を聞くことができたのである。

表1　ラクダ相撲大会の開催予定表

	2018-2019 SEZONU DEVE GÜREŞLERİ TAKVİMİ											
TARİH	AYDIN	AYDIN	MUĞLA	İZMİR	İZMİR	MANİSA	BALIKESİR	ÇANAKKALE	ANTALYA	UŞAK	AFYON	DENİZLİ
18.11.2018	IŞIKLI											DOĞAN BULDAN
25.11.2018	KARPUZLU	ATÇA DERNEK	BAFA	FURUNLU								
02.12.2018	KOÇARLI	BOZYURT	GÜLLÜK			TURGUTLU YENİKÖY					EVCİLER	
09.12.2018	DİDİM	KÖŞK DERNEK		ULUCAK	BERGAMA	KOLDERE			KARAÇAÖREN /KUMLUCA			
16.12.2018	BUHARKENT	HACIALI OBASI		KEMALPAŞA	BAYINDIR		AYVALIK					ÇAL
22.12.2018 (Cumartesi)	AYDIN											
23.12.2018	AYDIN			DİKİLİ			PELİTKÖY		DEMRE			
30.12.2018	KUŞADASI	ÇİNE DERNEK		KARA YAHŞİ			KARAAĞAÇ		KUMLUCA			
06.01.2019	İNCİRLİOVA		BODRUM	HARMANDALI			AYVALIK DERNEK					
12.01.2019 (Cumartesi)	GERMENCİK											
13.01.2019	GERMENCİK			MENEMEN				BAYRAMİÇ				
20.01.2019			YATAĞAN	SELÇUK				ÇANAKKALE				
27.01.2019	SULTANHİSAR		SELİMİYE	TİRE				BURHANİYE				
03.02.2019	SÖKE DERNEK	YENİPAZAR		TORBALI				BİGA				SARAYKÖY
10.02.2019	KUYUCAK		MİLAS	ÖDEMİŞ MERKEZ			EDREMİT	UMURBEY				
17.02.2019	NAZİLLİ	ÇİNE		POYRACIK			HAVRAN					
24.02.2019	BOZDOĞAN					SALİHLİ		ÇAN				DENİZLİ
03.03.2019	KÖŞK						ALTINOVA	AYVACIK	DEMRE DERNEK			
10.03.2019	BAĞARASI DERNEK			ÖDEMİŞ				EZİNE				BULDAN
17.03.2019	ORTAKLAR					GÖKKAYA						
24.03.2019	YAZIDERE	KARACASU						SARAYCIK		SELÇİKLER		

出典："Aydın Doğumluyuz"（我らアイドゥン生まれ）（2021年3月11日最終閲覧）

　聞き取り調査において、トルコ語でのインタビューや音声テープの書き起こしと日本語への翻訳は田村がおもに行った。ラクダの形態観察等は今村が担当した。

1　トルコの雑種ラクダについて

　序章で説明したように、ユーラシア大陸の家畜ラクダには、ヒトコブラクダ（C. dromedarius）とフタコブラクダ（C. bactrianus）の2種がある。これら2種の違いは、ヒトコブラクダは寒さに弱いのに対して、フタコブラクダは毛が長くて寒さに強い点である。ただし、フタコブラクダは、あまりに暑い場所、とくに湿度の高い蒸し暑い地域には生息できない。現在、家畜として飼われているラクダの頭数は約4995万頭（FAOSTATの2019年の資料）で、そのうちの1割がフタコブラクダである。フタコブラクダは、現在、モンゴルから、中央アジア、アフガニスタン、イラン、カスピ海沿岸諸国、ロシアと広範囲で飼育されているが、ヒトコブラクダと比べて頭数は圧倒的に少ない。

　ヒトコブラクダとフタコブラクダは、約440万年前に分岐した［斎藤2019］別種の動物である。多くの哺乳類は、異種間での交配はできない。あるいは、交

配できたとしても、その仔（F1、雑種1代目）は、繁殖能力がない（雑種不稔）場
合が多い。しかし、ヒトコブラクダとフタコブラクダは、異なる種であるにも
かかわらず、互いに交配することができ、しかも、雑種の子孫は何代先までも
繁殖し続けることができる。

　一般に、純血種の雌雄を交配させて雑種1代目（F1雑種）が生まれると、その
F1は両親のどちらよりも人間にとって優良な形質を持つことがある。このこと
を「雑種強勢」という。ラクダの場合も、雑種強勢のおかげで、純血種の親よ
りも体格が大きくなり、より重い荷を運ぶことができ、肉や乳の生産量も多い
優れたF1雑種が作出される。さらに重要なことに、F1は、より寒く、より湿っ
た気候と荒れた気候に耐えることができる。

　このようにF1は純系より優れた点があるので、さまざまな民族が、ヒトコブ
ラクダとフタコブラクダの異種交配を体系的に行ってきた。

　ポッツによれば、イランでもアッシリアでも、フタコブラクダの主な利用法
は、その地域にすでに存在していたヒトコブラクダとの雑種を作ることだった
[Potts 2004]。フタコブラクダの雄とヒトコブラクダの雌を交配させるのが普通
だった。その結果生まれてくるのは、コブが一つで両親どちらの種よりも大き
く強靭なスーパーラクダである。この雑種は力が強く、積載能力が500kg近く
と高かったために珍重された [フランシス 2019]。やがて、雑種生産は、紀元前2
世紀頃、またはそれよりはるかに早い時期に、2種の分布が重なった地域や、雌
のヒトコブラクダが一般的で、かつフタコブラクダを簡単に入手できる、中東、
トルコ、イラン、イラクからサウジアラビア南部、トルクメニスタンからアフ
ガニスタン北部までのさまざまな地域で開始されたと考えられる [Bulliet 1975,
2009; Potts 2005]。

　ヒトコブラクダとフタコブラクダの異種交配が行われたのは、寒冷な気候に
耐え、かつ重量の荷物を運ぶことができる頑丈で強力なラクダを入手する必要
がある地域であった。トルコ、バルカン半島、および北ヨーロッパと東ヨーロッ
パで、軍事用あるいは交易用に雑種ラクダが作られた [Dioli 2020]。

　雑種ラクダの並外れた積載量は繰り返し古文書に記されており、交易中心地
や軍事駐屯地があったであろうさまざまな遺跡で、ハイブリッド・ラクダの骨
格が見つかっている [Galik et al. 2015]。オスマン帝国軍は、400〜500 kgの並外
れた積載量を持ち、かつ寒冷な丘陵地帯に耐えうる能力がある、雑種ラクダを
広く使用したことが知られている [Leese 1927]。オスマン帝国軍による1529年の
ウィーン包囲戦では、数千頭のラクダが使用されたが、このラクダもハイブリッ

写真 1　中世イスラム世界におけるラクダ相撲
Abd al Samad による描画：Two Fighting Camels, ca.1590. Wikimedia, Commons.https://commons.wikimedia.
org/wiki/File:Abd_al_Samad._Two_Fighting_Camels_ca._1590._Private_Collection.jpg

ドであると推定されるという［Dioli 2020］。

　ラクダの異種交配が、現在も盛んな地域が世界に2か所ある。それは、カザ
フスタンとトルコである。

　カザフスタンでは、中央アジアの寒冷な気候に適応し、かつ、乳、毛、肉の
生産量を増やすために、ソ連時代から体系的な交配技術が研究されてきた［Faye
and Konuspayeva 2012］。また、10年ほど前から、ラクダ発酵乳が免疫を促進するな
ど健康に良いとされ需要が伸びていることにより、ラクダ乳の生産量を増やす
ために、乳の生産量が多いヒトコブラクダと、寒さに強いフタコブラクダを掛
け合わせたF1雑種を作ることが盛んになっている［Imamura et al. 2017］。

　異種交配のラクダが利用されているもう一つの地域、トルコでは、「ラクダ相
撲」が盛んである。ラクダ相撲は、2000年以上の歴史があるといわれるが、相
撲で使われるラクダは、雄のフタコブラクダと雌のヒトコブラクダのF1雑種で
ある。アフガニスタン、インド西部、イランなどのさまざまな地域からのラク
ダ相撲を描いた中世イスラーム美術のたくさんの絵画は、そのような出来事が
比較的一般的であったことを示唆している［Adamava and Rogers 2004］。

　「ラクダ相撲」をテーマにした歴史的な描画（写真1）では、描かれているラク
ダは純血種のヒトコブラクダやフタコブラクダではなく、F1雑種である。コブ
は一つなので、純系のフタコブラクダでないことは確かだが、それらのコブは
大きすぎて細長く、純系のヒトコブラクダとも言い難い。さらに、首の前側、
頭の後ろと上、前腕に沿った豊富な毛は、フタコブラクダにあって、純系のヒ
トコブラクダには存在しない。これらのことから、ラクダ相撲を行っていたの

は F1 雑種であると考えられる［Dioli 2020］。

2　トルコの牧畜と調査地について

　現在トルコで飼われている家畜は、ヤギ、ヒツジ、ウシ、水牛、ウマ、ラクダ、豚、ロバ、ラバ、ウサギ、鶏、七面鳥、アヒル、ガチョウ、ホロホロ鳥（表2）である。その中でラクダの飼育頭数は、1708 頭と決して多くない。とはいえ、過去に遡れば、1937 年には 11 万頭以上を飼っていたこともあったのである（表3）。同国のモータリゼーションの進展に伴い、駄獣としてのラクダの必要性は急激に低下し、2003 年には 808 頭まで飼育頭数が減少した。しかし、ここ数年、ラクダ相撲の人気上昇により、あるいは、ラクダ発酵乳の需要が高まっていることにより、ラクダ頭数が増加傾向にある。

　現地調査は、トルコ共和国アイドゥン県で行った。調査期間は、2019 年 3 月21 日〜 4 月 3 日である。ラクダ相撲に使うラクダの実態を知るため、ラクダ牧場でラクダを見せてもらい、牧場主にラクダ相撲の歴史やラクダの飼い方について聞き取り調査を行った。

表 2　トルコで飼育される家畜の種類と頭数

家畜種	頭数（トリは羽）	家畜種	頭数（トリは羽）	家畜種	頭数（トリは羽）
ロバ	133,953	アヒル	520,000	豚	1,636
水牛	178,397	ガチョウ	1,157,000	ウサギ	50,000
ラクダ	1,708	ヤギ	10,922,427	ヒツジ	35,194,972
牛	17,042,506	馬	108,076	七面鳥	4,541,000
ニワトリ	342,567,000	ラバ	30,837		

※ FAOSTAT より。2019 年の統計資料。

表 3　ラクダ頭数の経年変化

年	頭数	年	頭数	年	頭数
1928 ＊	74,437	1970	39,000	2003	808
1937 ＊	118,211	1980	12,000	2010	1,041
1950 ＊	110,000	1990	2,000	2015	1,442
1960 ＊	65,390	2000	1,350	2019	1,708

＊ Yilmaz and Ertugrul（2014）より。その他は FAOSTAT のデータ。

3　インタビューの記録

　2か所のラクダ牧場を訪ねた。1つ目は、相撲用ラクダのオーナーであり、またこの地域のラクダ相撲開催の中心人物であるC氏の牧場である。2つ目は、相撲用のラクダを飼いつつ、同時に雌のラクダを飼育してラクダ発酵乳を生産しているK氏の牧場である。以下がそのインタビューの記録である。

1　C氏へのインタビュー

　2019年3月23日に、アイドゥン県インヂルリオヴァ郡ヤズデレ地区にて、C氏の自宅兼牧場を訪問した。そのときのインタビューの内容をもとに、テーマ別にC氏の発話を並び替えて記載する。

　C氏を訪ねた経緯は以下のようである。ヤズデレ地区（実情は村落であるため、以下「村」と称する）で3月24日にラクダ相撲がある予定だったのでその村を訪ねた。まず、村のカフヴェ（喫茶店風の男たちの社交場）でラクダ相撲大会が開催される具体的な場所についての情報を得ようとしたが、そのとき「今週はラクダ相撲は行われない」と言われて一瞬落胆した。しかし、村内でラクダを飼っている牧場を教えてもらい、C氏を訪ねることにした。C氏の牧場は、広い敷地の門をくぐって左手すぐの所に自宅があり、その奥に牧場があった。牧場にはラクダ飼養の小屋が3つ軒を連ね、半野外の囲いが1つのほか、乳牛用の囲いが1つあった。

　C氏が飼育しているラクダの頭数と年齢について質問すると、以下の答えがかえってきた。

　　「今、ラクダを16頭飼っている。今朝まで17頭いたが、1頭売ったばかりだ。1頭のみがシリア産ヒトコブラクダの雌で、あとはすべて雄。雄はすべてテュリュだ。テュリュとは、相撲用に雄のフタコブラクダと雌のヒトコブラクダを交配させて産ませた雑種のことだ」

　　「真ん中の畜舎に4頭飼っている。手前の畜舎には、1頭の雌と雄5頭を飼っている。これら9頭は現役で相撲しているオスたちだ」

　　「半野外のラクダは2頭。病気で他の人が持って来たが毛が抜けたりしている」

　　「反対側の畜舎にも4頭の雄がいる。アフガニスタンから2頭、イランか

ら 2 頭だ。まだ若い 4 頭で、年齢は順番に、5 歳半〜 6 歳、12 歳、5 歳、9 歳。慣れているので、見れば年齢がだいたいわかる。外れてもプラスマイナス 1 歳の差で当てられる。何代もラクダ飼育をするというのはそういうことだ」

ラクダが何歳まで現役で相撲をとれるかについて、C 氏は次のように説明した。

　「今朝もティレ（イズミル県下の町）に 1 頭売ったところだ。2 ヶ月後にイランから 20 頭の 2 歳くらいのラクダを連れてくることになっている。20 歳までは現役で相撲ができる。20 歳を過ぎても 35 歳くらいまで生きるが、相撲にはあまり役に立たない。敵に背を向けて逃げてしまうのさ」

ラクダは 1 歳で離乳し、2 歳のラクダは「子ども」である。雄は 5 歳くらいで生殖可能になるので、6 〜 7 歳の雄ラクダは、完全な「おとな」ということになる。
　ここで、C 氏の話題は、成長まで時間のかかるラクダを、誰がどうやってレスラーに育て上げるか、また、どのようにしてラクダ売買で利益を得るかについてに移った。

　「相撲ができるようになるのは 6 〜 7 歳だ。妊娠期間は 13 ヶ月。交配させて 8 年間もたくさんのラクダを世話するのは無理なので、『分業制』にして売り買いをしながら稼いでいる。2 歳で連れてくるが、必ずしもレスラーになる歳まで売るのを待つわけではない。買い手が気に入ったとなって値段の折り合いがつけば、4 歳でもどんどん売ってしまう」
　「ディリリシュ（ラクダの名前）のように特別なラクダ、とても強くなりそうなラクダは先に目をつけておいて売らずに別に育てて、できるだけたくさんの儲けを得るようにする。普通の若いラクダが 4 万〜 5 万リラ（注：1 トルコリラは調査当時、約 20 円）だとすれば、20 万〜 40 万リラくらいで良いラクダは売れる。ディリリシュは 50 万リラはする。じつは 65 万リラの話が今季来たが、まだ上げられると売らなかった。100 万リラを目標にしている」

C 氏は、飼っている 15 頭のレスラーのうち 2 頭のとくに強いラクダについて以下のように語った。

写真2　鞍をはずしたディリリシュ09　　　　　　写真3　ディリリシュ09の鞍

　　「このラクダの名前は、ディリリシュ09（注：09はアイドゥン県の車のナンバー
プレート番号）で、体重が1040 〜 1050kgある。今シーズンが初めての出場
だが、非常に強く、すばらしい相撲をするのでこれからの活躍に期待がも
てる。今7歳。あと14 〜 15年活躍する」（写真2、写真3）
　　「ディリリシュは今シーズンの12月で相撲を始め、3月最初の週末まで毎
週競技に参加した。雨などで中止にならない限り、アイドゥン県下のどこ
かで相撲をやっていた」
　　「このラクダの名前は、メフメト・ホジャ　で、900kgくらいだ。上の飾り
なしで840 〜 850kgある。8歳だ」（写真4、写真5、写真6）

　さて、これらのラクダ・レスラー（テュリュ）をどこからどのようにして連れ
てくるのかについて、C氏は具体的に教えてくれた。

　　「私はラクダを育てるのが専門で、交配はさせない。外国で交配させて生
まれたテュリュを、トルコまで運んでくる。イランからテュリュを運んで
くる。アフガニスタンから運んでくるものもある」
　　「イランからヴァン（トルコ東部の都市）までテュリュを持ってくる。（中略）
自分でイランまで買い付けにいくのはもうやめた。かなり危険が伴うので。
この仕事はとても困難な仕事だ。鎖のように、指輪のように、たくさんの
仲介者を介した取引である。ヴァンまで持って来る人、買う人、ヴァンか
らダム（地名、詳細不明）に持って来る人、みな異なる。いつもヴァンから来
るとは限らず、ハッキャーリやユクセクオヴァ（注：どちらも地名。トルコ南
東部でシリア、イラン国境に近い）などを通る。あの辺りは、クルド語を喋って

写真4　立ち上がって踏ん張るメフメト・ホジャ

写真5　メフメト・ホジャの鞍と名前を書いた刺繍布

写真6　ラクダをかわいがるC氏

いる人ばかりだ」

　「イランやアフガニスタンではラクダ相撲はない。トルコで需要があるのを彼らは知っているので、トルコ向けにラクダを交配させて（テュリュを作って）いるのさ」

このレスラーの身体的特徴は次のようである。

　「トルコで相撲をするために飼育されているラクダは、ヒトコブの雌とフタコブの雄の交配種で、ラバのように交配で強くなる。ロバが 100kg 運べるならラバは 200kg。同じように交配させたラクダは強く大きくなる。テュリュは肋骨が 1 対多いのでかなり強くなる。しかし、その後の交配はうまくいかないので絶対に交尾させない。交配させても、弱く不完全になる。

写真 7　フタコブのテュリュ

　我々の仕事には役に立たない。」

　C氏はテュリュの大きさを強調して、肋骨の数が通常より多いと主張したが、肋骨の数が増えることはありえない。この点については、第 11、12 肋骨である浮肋骨がしっかり見えるようになるせいで、数が増えたように思われるのではないかと推察される。

　さらにテュリュの形態と美しさの基準についての説明が続く。

　「テュリュは見かけはヒトコブである。この畜舎にフタコブに見えるのも 1 頭いる（写真 7）が、これはたまたま父方に特徴が似ただけで、やはり交雑種（テュリュ）である」

　「テュリュ用の交配は、必ず、雌がヒトコブ、雄がフタコブという組み合わせで、逆はありえない。ラクダの髭が立派であることなど、相撲用には見かけが大事である。雌雄が逆だと髭があまりない個体が生まれる。頭の毛もフサフサしているのがよい」

　ところで、C氏の牧場では雌のラクダを 1 頭だけ飼っているが、その理由についてC氏は以下のように説明してくれた。

　「この牧場では一切の繁殖をしないで、ただ買って来て育てて売ることを繰り返している。雌は 1 頭だけいるが、交配させないので強さも大きさも関係ない。ただ、相撲の際に発情させるためだけに雄の近くで飼っている。11 月から発情が始まり、3 月に終わる。相撲で闘志を湧かせるために雌を 1

頭飼っておく必要がある」

「このシリア産の雌ラクダはテュリュに比べるととても小さい。シリアの
ラクダは雄も雌も小さく、レスラーとしての価値はない。雌でありさえす
れば良しとして、これを1頭買った」

「飼っている雄たちは去勢していない。雌と交尾させようとすればできる
が、させない。（相撲シーズンに）発情だけさせる」

ラクダ相撲の季節が近づくと、C氏はテュリュたちに特別な食事を与えて運
動させ、強いレスラーを育てる。

「夏から特別に育てる。食事が重要。アルパ（大麦）とユラフ（からす麦、
燕麦）が2大飼料だ。アルパはエネルギー源、ユラフは筋肉増強に良い。夏
の間にたっぷり食べさせてコブを大きくさせる。他の飼料も食べさせるが、
小麦はほとんど食べさせない」

「運動もさせる。9月になると200〜300mくらい毎日畜舎から出して歩
かせる。1週ごとに距離を伸ばして歩かせる。いきなり1km歩かせたりは
しない。脚がつってしまう。また、水曜には他のラクダと相撲もさせる。
練習というより発情を保っておくため、動きを鈍らせないためだ。ただし、
コンクリートブロックの壁を壊すことができるくらい雄は強いので、気を
つけておかないといけない」

「今は季節がもう終わったので発情ほとんどしていない。かなり落ち着い
ていて静かだが、15日前だったら、あなたたちはとても近寄ることできな
かっただろう」

C氏一家のラクダ飼育の歴史は、祖父の代までさかのぼる。

「ラクダによる運送業を、祖父の代ではやっていた。布・テキスタイル関
係、穀物（米・小麦）、山の村でのモスクの建築資材（セメント）などをソケ
やゲルメンヂック（どちらもアイドゥン県下の町名）との間を運んでいた。祖父
の代には、運送業をしながら繁殖もしていた。交雑種もあった。偶然フタ
コブとヒトコブの交配で強いのが出て来たのをみて、これを管理して育て
たら運搬にもっと役に立つと思い立ったのではないか」

「父は5年前に亡くなったが、小学校の先生をしながらラクダ飼育をした。

写真 8　ラクダ相撲大会のポスター（C氏宅に貼ってあったもの）

父親が初めてトルコにイランからラクダをもたらした人だ。『トルコでラクダが終わったら（注：トルコで飼われるラクダが減少したこと）』イランに行ってラクダを買って来た。これがあったからこそ、我々はプロとしてこの業界で生き残っていられる。3代続くこの仕事を続けられるのはそのおかげ。私は、ラクダ飼育を専業でやっている」(写真8)

　つまり、C氏は祖父の代からラクダ飼育を行っているが、ラクダ相撲に関わるようになったのは学校教員でもあった父の代からであり、3代目のC氏になってラクダ飼育とラクダ相撲専業になったのである。
　そして、C氏は例年、予定表に掲載される組織的なラクダ相撲が始まる直前に個人でラクダ相撲大会を企画する。C氏一家はこの地方で最も古くからラクダ飼育を家業にしているので、シーズン最初のラクダ相撲はC氏の牧場から始めるのだという。

　　「毎年、10月第3週週末に、トルコのラクダ相撲シーズンを、自宅の庭（牧場）で一番に始める。全国から人々がたくさん集まり、ラクダを見にくる。そこでラクダを取引したりする。チャナッカレやアンタルヤ（どちらもトルコ西部の地名）から人がくる。シーズンのはじめとなると、その時の市場で良いラクダがないかを見に来る。自分のラクダを売るチャンスにもなる」

　そして、組織的なラクダ相撲大会の概要と大会準備については、次のように語った。

　「ラクダには、種類とランクがある。ラクダ2頭を対面させる競技自体は短いと1分程度、長くても7分ほどで終わる。勝敗がつくと制止され、2頭が離される。1回の大会で通常は1回しか闘わない。ただし、特別なカップ戦になると、2回ということもある。2回とも勝つと勝利のトロフィーをもらう。アイドゥン、インヂルリオヴァ、ゲルメンヂック、セルチュク（すべて都市名）の大会はかなり大きい」

　「1大会にラクダ150頭が参加するとなると75対戦必要であり、これの準備に役員が8〜10人が取り掛かる。こうして、どのランクのどのラクダが対戦するかのペア（取り組み表）を作る」

加えて、3月24日に予定されていた相撲大会中止の経緯は以下のとおりである。

　「ラクダ相撲が中止となってしまったのは、選挙のためだ。禁止令があったからというよりも、いつも協力している仲間が選挙戦に関わったり、役所も誰が選挙で勝つか負けるかとバタバタして落ち着かず、別の友人たちも刑務所に入ったりして、結局1人になってしまった。これでは開催は無理と判断して3週間前に中止を決断した。たくさんの準備と当日の役回りがあり、とても一人でできる仕事ではない」

最後に、C氏はラクダの乳と肉について説明した。

　「ラクダのミルクはとても甘い。野で薬として集めるようなトゲのある草を食べているのでとても健康的だ。ラクダの乳も肉もスーパー健康食である。体液も水虫などの皮膚病に効く。ラクダはとても薬効のある動物だ」

　「肉はソーセージに加工して食べる。肉は酸味があって硬いのでそのままでは食べない。香辛料をたっぷりかけて、ソーセージとして脂肪分と混ぜて食べる。友人の肉屋が特別にラクダのソーセージを作っていて、信頼できるからいつも注文している。コブの脂肪分もソーセージには入れるが、それだけに特別な価値を置いたりはしない」

　ここでは尿のことを婉曲に体液と表現している。ラクダの尿を塗布あるいは飲用すれば傷病に効くといわれており、これはクルアーンに書いてあるとして、中東から中央アジアにかけて広く信じられている。

写真 9　搾乳の様子（K 氏の牧場にて）

　ラクダ肉はソーセージにして食べるのが、この地域では一般的である。また、ラクダのコブについては、例えばカザフスタンではコブの脂肪を珍味として別に料理しているが、トルコではこのようなコブを特別視する風潮はないようである。

2　K 氏の牧場の見学

　2019 年 3 月 24 日、アイドゥン県インヂルリオヴァ郡インヂルリオヴァ・ユカル地区でラクダ牧場を経営している K 氏を訪ねた。ここでは、ラクダ相撲用のテュリュを含め成体オスを 11 頭（うち委託のテュリュ個体 1 頭）飼っている。また、雌雄を飼育しながら交配・繁殖させており、調査時にはこの牧場生まれだという 2 〜 5 歳の幼体も 3 頭飼育されていた。ただしレスラー飼育以上に重要な事業として、トルコ産のヒトコブラクダ（雌）を 15 頭飼育し、ラクダ発酵乳の生産に励んでいるということだった（写真 9）。

　調査当時、ラクダ発酵乳を 1 ℓ 80 リラ（約 1600 円）で通信販売で売っているということだったが、その後の 2020 年 11 月 16 日のインターネットに載った記事によると、この K 氏の事業は 40 頭のラクダを飼うまでに拡大し、1 ℓ 100 リラで市場に出荷するようになった［Finans mynet 記事］。ヨーロッパ、中東、中央アジアでは近年、ラクダ発酵乳が免疫を高める健康食品として注目されている［Imamura et al. 2017］が、トルコ国内の一部でも最近、需要が高まっているのだろう。とはいえ、K 氏の牧場以外には乳生産を基軸にしたラクダ牧場やラクダ乳販売業の情報はインターネット上には見当たらず、同様な牧場は少なくとも現時点では一般的ではないと考えられる。

4　ラクダ相撲の歴史と相撲大会の概要

　ラクダ相撲のルーツは古代の遊牧時代にまでさかのぼると考えられている。最古の証拠は、マルギアナ（現在のトルクメニスタンからアフガニスタンにいたる地域）や、ロシア領ハカス共和国内で紀元前 2000 年頃の遺跡から発見された線刻画である。これは石に 2 頭のフタコブラクダが向き合って描かれており、何かのお守りであったとされる［Yilmaz 2017］。

　中世イスラーム時代にはラクダ相撲を描いた絵画が多数存在し、ラクダ相撲が一般的であったのは先述したとおりである。

　公式記録に残る最初の大規模なラクダ相撲大会は、約 200 年前オスマン帝国の時代に、アイドゥン地方で開催されたものである。その後、トルコ共和国初期にはラクダ相撲の伝統は非近代的であるとして抑制されたが、1980 年 9 月12 日の軍事クーデターの後、観光アトラクションとして復活し、トルコのイスラム以前の文化遺産として宣伝されるようになった。現在のラクダ相撲は純粋な民族文化イベントであり、家族連れが楽しむ年中行事となっている［Yilmaz 2017］。

　今日、ラクダ相撲はアイドゥン県で人気があり、エーゲ海地方のイズミル周辺、マルマラ地方のチャナッカレ、地中海地方のアンタルヤなど、トルコ西部の各地でシーズン中の日曜ごとにラクダ相撲大会が開催される。なお 11 月〜 3月がラクダ相撲のシーズンである。

　競技は主に平地の広場またはアマチュアサッカースタジアムなどで行われる。セルチュクの大会が最大規模であり、観客数は約 25,000 人にもなる。少量の雨であっても地面が滑りやすくなり、ラクダに怪我をさせる可能性があるので、雨の場合、相撲大会は中止される［Yilmaz and Ertugrul 2014］。

　相撲用のラクダは、体重は通常 400 〜 500 kg だが、十分な給餌とケアを行うと、体重は秋のシーズン入り前後で 1000 〜 1200 kg まで増加する。ラクダ相撲のシーズンに入ると、今度はラクダを運動させ、約 900 kg まで体重を減らす必要がある。ラクダには鞍を付けてから走り込みを始めるが、この鞍は、10 月 29 日の共和国記念日にラクダの背に載せることになっている。鞍を付けたすべてのレスリング・ラクダは飾られて、集落内を周る［Yilmaz et al. 2018］。

　ラクダ相撲の前日と当日は以下のようである。相撲大会の前日、ラクダは伝統で定められた方法で豪華に飾られる。その後、ドラムやズルナ（トルコの木管楽

器）でゼイベッキ（エーゲ海地方の民族舞踊）の音楽が演奏される中、ラクダと人々がにぎやかに通りを練り歩く。こうして町全体が祝祭的になっていく。ラクダのオーナーは、ハンチング帽、首に巻いた伝統的なスカーフ、独特のジャケット、特別なズボン、長い革のブーツなどの独特の装いをしている。熱心なファンの中には、前夜にテレビの周りに座って過去の競技映像を観る人もいる。また、パーティーが開催され、歌って踊って、人々は新しい人と知り合ったり古い知人との絆を強める［Aydin 2011］。

　大会当日は、会場にテーブル席を設け、観客はラクダ肉のソーセージを食べながらラクダ相撲を楽しむ。ラクダ相撲の試合は、あらゆる年齢の人々を魅了するという点で、他のスポーツとはまったく異なる。周辺の村からの観客は、家族全員がグループで参加し一つのテーブルを囲む。解説者がスピーカーで出場するラクダの名前を読み上げ、次に各ラクダを称賛する詩を読み、緊張を高め、さらにそれぞれのラクダの特徴などを相撲前に解説する［Aydin 2011］。

　ラクダ相撲には特定のルールがあるが、これらのルールは地域によって多少異なる。基本的には、首をテコにして相手を倒した個体が勝者になる。1 試合には、ラクダの名前の読み上げ、詩の朗読、解説などを含めて約 10 分かかる［Aydin 2011］。

　教育、文化、健康、スポーツ、社会福祉に携わる団体がラクダ相撲大会のスポンサーとなっている。また多くの地域では、地方自治体もこれらのイベントをサポートしている。ラクダ相撲で得た収入（観客の入場料）は、経費を差し引いた後、特定の社会的目的に使用される。試合の勝敗に、法的に許可されている種類の賭けはない［Aydin 2011］。もともとは、ラクダ相撲は農村部ののどかな娯楽だったようだ。

5　ラクダ相撲を行う背景

　現在のトルコ、イラン、アフガニスタンを中心とした地域でラクダ相撲が発達したその背景は、第一に荷物を運ぶ駄獣としてラクダが使われていたことがある。駄獣といっても、単に遊牧民がテントや身の回り品を運ぶために飼養してきたのにはとどまらない。さまざまな産品を運ぶ交易のために、また、軍事物資を運ぶ軍用ラクダとしても歴史的に重視されてきた。とくに、オスマン帝国時代には、「軍用重輸送用乗り物」と呼ばれるラクダは帝国軍によって最大 6 万頭も使用されたという記録がある［Yarkin 1965］。このように、より力強いラク

写真10　ラクダの鞍につけられた釣鐘

ダを求める中で、娯楽としてラクダ相撲が発達したと考えられる。

　近年のラクダ相撲が盛んな地域はトルコ西部に限られる。この地域は、19世紀オスマン帝国時代からすでに鉄道が敷かれており、鉄道は、アナトリア半島でヨーロッパ向け最大の積出港であるイズミル港まで続いていた。このため、鉄道近郊の地域から鉄道へ、さらに港へ、あるいはこの逆ルートで、物資の移出入が盛んであった。そして地域と鉄道駅を結ぶ運搬に使われたのが、それ以前からキャラバン（隊商）でも活躍していたラクダである［永田1984］。インタビューに答えてC氏が、「（自分の）祖父は運送業を営んでいた」と言っているのもこの例にもれない。また、K氏のところでは、「以前はラクダはオリーブの実などの農産物やさまざまな物資を運ぶために飼われていた」という証言を聞いた。運送業を営むためにラクダを飼い、余暇を使ってラクダ相撲を行っていたと考えられる。そしてラクダ相撲が盛んなアイドゥン県は、まさにこの初期に西アナトリアに敷設された鉄道が横断する平原地帯なのである。

　相撲を行うラクダには、ハヴト（havut）と呼ばれる鞍が載せられる。この鞍は、ラクダが相撲をとるときに体を保護する役割もあるが、もともとは駄獣としてラクダの背に荷物を載せるために使われた鞍と同じ形のものである。鞍には大小さまざまな釣鐘がついており（写真10）、この釣鐘もまた、ラクダを運搬用に使っていた時の名残であるという。また、鞍には木の枠が取り付けられている（写真3、写真4、写真10）が、これはもともと荷物を鞍に固定するためのものだっ

たが、現在は、この木枠にロープを縛り付けて、競技中のラクダ2頭を引き離したりしてラクダの動きを制御するときに使う。これは、中世のラクダ相撲が、ラクダを制御するのに後ろ足につけたロープを使っている（写真1）のと異なるやり方である。鞍の後ろに吊るされたペシュ（peş）という刺繍の布には、上から順に「ラクダのオーナーの居住地」「オーナーの名前」「ラクダの名前」と続き、最後に「マッシアッラー（Masallah）(「神のご加護を！」を意味する祈祷の言葉)が、書かれている（写真5）。

　近代におけるラクダ相撲の起原は、駄獣としてのラクダの力自慢を競うものであったことがわかる。

6　トルコにおけるラクダ・雑種交配の技

　トルコではラクダは駄獣として長く使われてきた。もともと中央アジアからアナトリアへ渡ったテュルクメンやユルックという遊牧民族を祖とするトルコの牧畜文化において、このことは家畜としてのラクダの基盤である。特に乾燥した山岳地域を遊牧民が季節遊動する際、テントや寝具・調理器具等の家財道具一式を運搬するのに、ラクダほどその役に適した動物はいない、と現在のユルックたち（遊牧民）も口をそろえるほどである。さらに変化に富む国土の山岳地帯と沿岸地域では寒暖の差が大きく、それぞれの地域に適合するように、ヒトコブラクダとフタコブラクダの交配技術が積み上げられてきた。トルコにおける雑種交配は、第1世代のハイブリッドF1、場合によっては第2世代のF2、まれに第3世代のF3の作出を目的に行われてきた [Dioli 2020]。トルコには、ヒトコブラクダとフタコブラクダをさまざまに組み合わせて交配する慣行が存在するが、その基本は、雄のフタコブラクダと雌のヒトコブラクダを交配することである。

　トルコ語では、そのようなF1雑種の一般名はテュリュ tülü、より具体的にはオスの場合はベスレク besrek、メスの場合はマヤ maya である。これらの雑種は、外観がヒトコブラクダと非常に似ているが、コブの形態は、肩のすぐ後ろから始まり、腰椎をはるかに超えて伸び、より大きく、より細長い。この独特の形のコブはトルコ語で「アーモンドのコブ」と呼ばれている（写真2）。

　F1雑種のコブは、異常に細長いことに加えて前部に数センチの深さの小さなくぼみが見られる。これは、短毛の雑種ラクダではっきりと見られる。長毛の雑種ラクダの場合は、手で触診することで検出できる。F1雑種はまた、首の前

側、頭の上部と後部、および前腕に沿って豊富な長毛を持っている [Dioli 2020]。

　F1 どうしで交配すると、F2 が生まれるが、このクキルディ（kukirdi）と呼ばれる F2 は、標準以下の貧弱な体格を持ち行動の質も落ちた雑種になるので、さらに F2 どうしで交配させることはない。

　しかし、F1 雑種の雄または雌を、純系ヒトコブラクダまたは純系フタコブラクダと交配させて第 2 世代の雑種を得る「戻し交配」が行われることがある。それらは、雌の F1 マヤが雄のフタコブラクダと交配される場合はタヴシ tavsi と名付けられ、雄の F1 テュリュ tülü が雌のヒトコブラクダと交配される場合はテケ teke と名付けられる。それらはレスリングでは使用されないが、使役動物として、トルコ南部の寒い地域ではタヴシ tavsi（3/4 がフタコブラクダ）、暑い地域ではテケ teke（1/4 がフタコブラクダ）として使用された [Dioli 2020]。

　雌の F1 マヤは、雄のヒトコブラクダと交配させて、イェエン yeğen という名前の F2 雑種を作ることもできる。しかし、このラクダの質はあまり評価されていないため、これはまれにしか行われない。

　雌の F2 テケをフタコブラクダと戻し交配することにより、F3 ラクダを生産することができる。このような雑種はケルテレス kerteles と呼ばれ、フタコブラクダの遺伝的影響が大きい（7/8 がフタコブラクダ）ため、トロス（タウルス）山脈などのトルコの急峻な寒冷山岳帯に適応している [Dioli 2020]。

　以上のように、トルコにおけるラクダの異種交配技術は、在来種であるヒトコブラクダに、イラン等から移入された貴重な種であるフタコブラクダを交配し、人間に有益でかつ安定した形質の雑種をいかに生産するかということに傾注されてきたといえる。雑種交配する場合、いかにして純系種を確保するかも大きな課題である。そして、駄獣、ラクダ相撲、乳生産といったラクダ飼養の目的や、トルコ国内のそれぞれの地域の気候に適合するように、さまざまな改変が加えられてきたのである。

7　トルコにおけるラクダ相撲の今後

　大型家畜である馬、牛、ラクダは、俊足と力強さを人間から愛され、馬はレース（競馬）に、牛はレスリング（闘牛）に使われてきたが、ラクダは、アラビア半島でレース（競駝）に、トルコではレスリング（相撲）に用いられるなど、どちらの力も兼ね備えている。

　ラクダ相撲はかつて、古くは遊牧民の娯楽として、中世イスラーム世界では

宗教的な意味合いをもってきた。近代トルコにおいて一旦は廃れたラクダ相撲が復活した背景には、観光という大義名分もさることながら、トルコ西部の幅広い市民層による「トルコ民族」「遊牧民文化の伝統」の再評価という意味も無視できないだろう。小さな地域ごとの祝祭的娯楽行事であったラクダ相撲は、復活後しばらく各地の愛好者有志をメンバーとする小規模なラクダ相撲協会によって運営されてきた。それらが2012年以来アイドゥン県を中心に組織化されて連盟（正式名：ラクダ牧畜文化およびラクダ相撲連盟）となり、今や45の地方ラクダ相撲協会を束ね、すべての開催日程や取り組み表、ガイドライン設定や行政との連携を取り仕切っている。そして、動物愛護協会等からの批判を組織的にかわしつつ、開催規模を拡大し続け、多くの市民層を観客として取り込んできているのである。2018～2019年シーズンの各地の82大会の中には、数回目の開催であるものが散見される。これは、ここ数年新規大会が複数出現していることを示しており、現代トルコにおけるラクダ相撲の復活と普及を物語るものだろう。2000年代ごろまでは、ラクダ相撲と言えば、ラクという強い地酒をあおり酔っ払いながら大声で相撲観戦に興じる男たちばかりというイメージが強かったものだが、近年の大会の写真や動画には家族連れの姿も多数見られ、和やかな雰囲気が伝わってくる。

　なお2020年に世界中を混乱に陥れた新型コロナウィルスの流行は、トルコでも猛威を振るった。多くの死者感染者を出し、行動制限が課される中、2020～2021年シーズンのラクダ相撲はすべて中止に追い込まれた。取り組み表さえ作成されなかったのである。しかし、まだ感染の収束が見通せない2021～2022年シーズンには早くも復活し、ほぼすべてのラクダ相撲大会が2年ぶりに開催され、各地のファンが会場に詰めかけた。その熱狂は、今後さらに多くの人を巻き込むことになるだろう。

参考文献

斎藤成也
　　2019　「カザフスタンにおけるラクダ2種類の雑種DNA」『牧畜社会の動態』（中央アジア牧畜社会研究叢書1）、71-74頁.
永田雄三
　　1984　「歴史上の遊牧民——トルコの場合」永田雄三・松原正毅編『イスラム世界の人びと3 牧畜民』183-214頁、東京：東洋経済新報社。
フランシス、R.C.
　　2019［2015］『家畜化という進化——人間はいかに動物を変えたか』（西尾香苗訳）、

東京：白揚社。

Adamova, A.T., & J.M. Rogers
  2004 The Iconography of a Camel Fight, *Muqarnas Online* 21 (1): 1–14.
    https://doi.org/10.1163/22118993_02101002.
Aydin, A.F.
  2011 A Brief Introduction to the Camel Wrestling Events, *Camel Conference of SOAS*, University of London, 23-25 May 2011
Bulliet, R.W.
  1975 *The camel and the wheel*. Cambridge, Mass: Harvard University Press.
Bulliet, R.W.
  2009 Of Turks and Camels. In *Cotton, Climate, and Camels in Early Islamic Iran: A Moment in World History*. Columbia University Press.
Dioli, M.
  2020 Dromedary (*Camelus dromedarius*) and Bactrian Camel (*Camelus bactrianus*) crossbreeding husbandry practices in Turkey and Kazakhstan: An in-depth review."*Pastoralism: Research, Policy and Practice* 10:6
    https://doi.org/10.1186/s13570-020-0159-3
Faye, B., & G. Konuspayeva
  2012 The Encounter between Bactrian and Dromedary Camels in Central Asia, In Knoll, E.M. & P. Burger eds., *Camels in Asia and North Africa: Interdisciplinary Perspectives on their Past and Present Significance,* Vienne, 28–35.
Galik, A., Mohandesan, E., Forstenpointner, G., Scholz, U.M., Ruiz, E., Krenn, M., & P. Burger
  2015 A Sunken Ship of the Desert at the River Danube in Tulln, Austria, *PLoS One* 10 (4): e0121235.
    https://doi.org/10.1371/journal.pone. 0121235.
Imamura, K., Salmurzauli, R., Iklasov, M.K., Baibayssov, A., Matsui, K., & S.T. Nurtazin
  2017 The distribution of the Two Domestic Camel Species in Kazakhstan Caused by the Demand of Industrial Stockbreeding, *Journal of Arid Land Studies* 26 (4): 233–236.
Leese, A.S.
  1927 *A Treatise on the One-humped Camel in Health and in Disease*, Stamford: Haynes & Son
Potts, D.T.
  2004 Camel Hybridization and the Role of *Camelus Bactrianus* in the Ancient Near East, *Journal of the Economic and Social History of the Orient* 47 (2): 143–165.
Potts, D.T.
  2005 Bactrian Camels and Bactrian-dromedary Hybrids, *The Silk Road* 3(1): 49–58.
Yarkin, I.
  1965 *Goat-Camel-Pig Husbandry* (Keçi-Deve-Domuz Yetiştiriciliği). Ankara University

        Press, Ankara.

Yilmaz, O.

    2017   History of Camel Wrestling in Turkey, *International Journal of Livestock Research* 7(10): 235–239.

Yilmaz, O., Coskun, F., Erturk, Y.E., & M. Ertugrul

    2015   Camel wrestling in Turkey, *Journal of Camelid Science* 8: 26–32.

Yilmaz, O., & M. Ertugrul

    2014   Camel Wrestling Culture in Turkey, *Turkish Journal of Agricultural and Natural Sciences* 2: 1998–2005.

Yilmaz, O.,Erturk, Y.E., Coskun, F., & M. Ertugrul

    2018   Camel Wrestling Economy in Modern Turkey, *International Journal of Livestock Research* 8(01): 39-46.

〈引用ウエブサイト〉

Finans mynet（2021 年 1 月 10 日最終閲覧）

    https://finans.mynet.com/haber/detay/kobi/aydin-da-uretiliyor-deve-sutunun-litresi-100-lira/408172/

FAOSTAT（2021 年 1 月 10 日最終閲覧）

    http://www.fao.org/faostat/en/#home

"Aydın Doğumluyuz（我らアイドゥン生まれ）"（2021 年 3 月 11 日最終閲覧）

    http://www.aydindogumluyuz.com/2018/09/aydin-ve-ilcelerinde-2018-2019-sezonu.html

Abd al Samad. Two Fighting Camels ca. 1590. Private Collection.jpg Wikimedia Commons, the free media repository（2022 年 12 月 20 日最終閲覧）

    https://commons.wikimedia.org/wiki/File:Abd_al_Samad._Two_Fighting_Camels_ca._1590._Private_Collection.jpg

ラクダの環境問題・未来

第11章　ラクダの食習性とキャメルラインの形成
ラクダの環境適応と環境破壊

星野仏方・多仁健人

1　ラクダの食習性

　ラクダは、乾燥地域の環境に適応しており、塩生植物やトゲ（棘）が入った硬い灌木、高木なども餌として利用することができる。そして、それらの植物を肉や乳、およびそのほかの組織細胞に変換する能力を持っている。この驚異的な能力から、アフリカや中東の国々では、家畜の餌にする植物がほとんどないように見えるにも関わらず、ラクダだけは餌不足の問題は最小限に抑えられているのだ。本章では、乾燥地の海辺に暮らすラクダがいかにして砂漠と海辺から餌を見つけるかという、ラクダの食習性について述べる。スーダン紅海沿岸部では、ヒトコブラクダがアカシアとマングローブ[1]林を食い尽くすことによて「キャメルライン（Camel line）」という独特の景観が形成される。このキャメルラインを例に、ヒトコブラクダが乾燥熱帯沿岸域の自然環境にどのような影響を与えているのかを考察する。

　スーダンの牧夫にとって、ラクダは家族を養うための重要な財産である。全財産がラクダ1頭だけである牧畜民も多い。彼らの生計の大半はラクダ・ミルクに頼っているので、ラクダに植物の新鮮な葉と種子をできるだけ食べさせようとする。これらをラクダに与えると、ミルクが大量に出ることを知っているからである。さらに、マングローブ（塩生植物の森林）の開花を狙ってラクダを沿岸まで誘導して、マングローブ林の花と種子を食べさせる。塩生植物（アカシア類を含む）の葉のうち、とくに緑色の部分がミルクと肉の生産に効果があることが、ラクダの給餌実験から証明されている。また、後述するように、適度にラクダが採食する林では、植物の成長が活発になり繁栄する。しかし、種子が食べ尽くされると逆にマングローブ林に悪影響を与え、更新が妨げられてしまう。

---

1)　熱帯および亜熱帯地域の河口汽水域の塩性湿地において、植物群落や森林を形成する常緑の高木や低木の総称。

197

写真1 子ラクダを持つメスラクダは特に水分
が多いタンポポなどの草本植物を好んで食べる
（カザフスタンドライステップ、2015 年 5 月）

　ラクダは草食動物だが、グレイザー（草の葉食）でもあり、ブラウザー（木の葉食）
でもある。反芻動物であるラクダは主に樹木の葉、小枝、皮、および低木など
ほぼすべての砂漠に生息する植物を採食することができる。スーダンの内陸で
はアカシアの樹木が多く分布し、ポートスーダンではマングローブであるヒル
ギダマシ林が局地的に分布している。牧夫は意識してこれらの植物を食べさせ、
ラクダのミルク生産を促がしている。ラクダはほかの動物が食べられない鋭く
てトゲのある植物（例えばソルトブッシュ）や塩生植物を採食し、消化する能力を
持っている。

　ラクダは水源や川の近くに生息している場合、毎日水を飲むこともあり、暑
い乾季には、1 日に最大 200 ℓ の水を飲むこともあるが、ほかの大型草食動物に
比べて長期間（一般的に 4 〜 5 日と考えられている）水なしで過ごすことができる。
ラクダは枯草や、トゲのある植物を好んで食べているようなイメージがあるが、
そうではなく、飼育されている環境が異なると食習性も大きく変わる。出産し
たばかりの雌のラクダは水分が豊富な植物を好んで採食している。例えばカザ
フスタン共和国の乾燥草原で飼育されているヒトコブラクダは、雨季に生えて
くる水分豊富なタンポポやチューリップなどを真っ先に食べる。雌ラクダは仔
ラクダにミルクを十分に与えるために、優良牧草のニセコムギダマシ（*Agropyron
desertorum*）よりも水分豊富なセイヨウタンポポ（*Taraxacum officinale*）を優先的に採
食していると牧夫が語った（写真 1、2）。

　ラクダにとって塩はとても重要であり、ウシやヒツジの 8 倍の塩分が必要と
される。ラクダの食習性として、一般に毎日 6 〜 8 時間は草を食べ、さらに 6
〜 8 時間は反芻に時間を要する。低栄養の砂漠の植物を採食することが多いの
で、生命を維持するためにラクダは絶え間なく採食することがある。モンゴル

写真 2　カザフスタンドライステップ
(2016 年 8 月)

のゴビに生息する野生のラクダは、季節ごとに自然の草地やオアシスを探して移動するが、現在、ゴビ砂漠の長期乾燥化と人間の居住地拡大、鉱山開発などによってオアシスが縮小し、生存の危機に立たされている。

2　キャメルライン

キャメルラインとは、ラクダの過放牧により成獣ラクダの平均身長の約2.20m、もしくは首を伸ばして届く高さの3.0m 以下の樹木が全部食べられて枯れ、それより上の部分だけが残る現象をさす。その結果、樹木が建物の庇（ひさし）の形に残された風景が紅海沿岸部に広がる。ただし、このラクダによる食害であるキャメルラインが形成されるのは、植物資源が極端に少ないときだけであることを強調しておきたい（写真 3）。

キャメルラインが形成されるのは、ポートスーダンの沿岸に分布するマングローブ林である。マングローブ林の樹種はヒルギダマシ（Avicennia marina）1 種のみである。ヒルギダマシはクマツヅラ科に属して、常緑の灌木あるいは時には高木で最高樹高は25m を超えることもある。干潟の泥の中に放射状に広く水平に根を張り、高さ数 cm 程度の柔らかい筍根と呼ばれる呼吸根を土壌表面より垂直に突き出す。種子ができるのは 1 月頃で、ラクダの格好の餌となっている（写真 4、5）。

多くの国ではヒルギダマシは絶滅危惧種として指定されている。2020 年には世界の 223 カ国・地域の中で、113 カ国・地域がマングローブ湿地の森林地帯を持っていると報告され、世界のマングローブの面積は1480 万 ha と推定されている［FAO 2020］が、マングローブ林は環境の変化に敏感で、潮汐変化や海水温度、

写真3　キャメルライン

地球温暖化などの影響により 1980 年から 2000 年にかけてその面積は約 3 分の 2 に減少した［FAO 2020］。

　紅海沿岸部でのマングローブ林も世界的な環境変化の影響で面積を減らしているが、研究対象地のポートスーダン沿岸では、さらにラクダの食害によってキャメルラインが形成されている。しかし、ラクダは、植物にダメージを与えるだけの存在なのだろうか。本章ではヒトコブラクダのヒルギダマシ採食行動を分析することで、ラクダとマングローブ林の関係を明らかにしたい。

　スーダン共和国の紅海沿岸部に暮らすベジャ族（Beja）はエジプト、スーダン、エリトリアの 3 カ国を居住地にしており、人口は推定 220 万人である。ベジャ族はヒトコブラクダを中心とした牧畜を生業としてきた［縄田 2005］。この地域は植物地理的ゾーンとしては「半沙漠草地・灌木地」に分類されるサーヘル移行帯で、元々の年間降水量が少ない上に年間降水量の変動も高く、人々が生活していくうえで過酷な自然環境となっている。このような半乾燥地でヒトが消化吸収できない植物を家畜（とくにヒトコブラクダ）の採食・消化を通して肉や乳として利用することによって成り立つ生活様式が発達してきた。

　さらに、水の問題がある。牧畜には家畜飼養に必要な量と質をあわせ持った水が必要だが、牧畜民は家畜を媒介することで質の劣る水資源を有効に利用してきた。ヒトコブラクダは他の家畜がアクセスできない隆起サンゴ礁島のマングローブで、餌を食べることが可能であるうえ、塩分濃度の高い、質の劣る水も飲むことができる［縄田 2004］。このように他の家畜が利用できない資源や水を利用できるラクダのミルクや肉が牧畜民の生活を支えており、乾燥への順応性の高いヒトコブラクダは、アフリカ大陸紅海沿岸部に暮らす人々の経済において重要な役目を担ってきた。さらに、砂漠を移動するのに優れたラクダは、海

写真4　ポートスーダンのヒルギダマシ（学名：*Avicennia marina*）のキャメルライン

写真5　ポートスーダンのヒルギダマシ（学名：*Avicennia marina*）のキャメルライン

の浅瀬も歩くことができ、紅海沿岸部の牧畜民はラクダを用いて漁撈や採集を行うことで、生業活動と利用空間を広げているといった例も報告されている［縄田 2004］。

　ラクダの餌は、アカザ科を中心とした半灌木の塩生植物と常緑のマングローブの枝葉、種子に大きく依存し、これらの植物は嗜好性[2]が最も高いカテゴリーに分類されている。一方、ポートスーダンの沿岸でのヒトコブラクダは、ヒルギダマシのマングローブ林の嗜好性が最も高いが、このマングローブ林の生態系は今まであまり研究されていない［Nawata 2001］。そこで、ポートスーダン沿岸に局地的に分布するヒルギダマシのマングローブ林の動態とヒトコブラクダによる採食被害の実態を調べることにした。研究対象地域は、スーダン共和国紅海州の州都であるポートスーダンの南に位置するクラナイエブ地方であり、こ

---

2)　ある草食動物が非常に好んで食べるかどうかの指標。

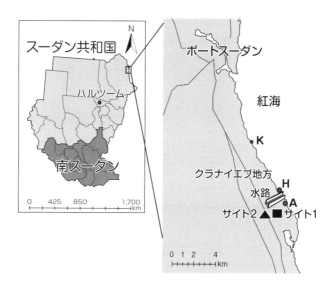

図1　調査地概要図

　このマングローブ林の生態、およびこのマングローブ林を餌資源として利用している家畜ヒトコブラクダの行動を分析した。ラクダの行動を明らかにするため、ラクダにGPSを装着して衛星追跡を実施した。また、地上においても実際にラクダについて歩き、行動観察を行った。

　ヒトコブラクダは日中放牧され、主にヒルギダマシとアカザ科の塩生植物を採食する。日没前に牧畜民の家に戻り、ソルガムなどの穀物で出来た飼料を与えられる。夜間は脚を曲げて縄でくくられ、移動制限されている。ヒトコブラクダは浅い海なら砂州を歩いて渡ることができる。ラクダにとって、マングローブ林の嗜好性がほかの植物より高い。

　調査したマングローブ林は、3か所である。この地域ではマングローブ林の群落ごとに名前を付けており、マングローブ林の名前を省略してK地点、H地点、A地点とする。K地点のマングローブ林はポートスーダンから南に約8km南に位置し、H地点のマングローブ林は約13kmに位置する。そして、A地点のマングローブ林はH地点から水路を隔てて約1km南に位置する。またGPSを用いてトラッキング調査対象のラクダを飼育している牧畜民の家は、A地点のマングローブ林の西側、約1kmの場所に位置しているサイト1、サイト2にある（図1）。

A 地点のマングローブ林の西側1キロの場所に、牧畜民の家があり、この牧畜民がラクダを飼っている場所をサイト1とサイト2に分けて、それぞれの場所でトラッキング調査を行った。

サイト1では冬季にラクダが53頭、夏季に20頭、飼育されていた。サイト2では夏季に3頭飼われていた。ポートスーダンからクラナイエブ地方にかけては海岸平野となっており、標高差はほとんどない。2000年に塩田区画整備のため作られた水路によってラクダのアクセスが困難になったH地点と、ラクダのアクセスが容易で大きな面積を持つA地点のマングローブ林を比較することが、今回の調査の目的の一つである。

紅海州は紅海丘陵部の山岳部（東側斜面を除く）と、その西側に当たる西部平野では夏雨型であるのに対し、調査地域である東側海岸平野部では11〜1月の期間に降雨の70〜90%が集中する極端な冬型雨であり、モンスーンの影響で冬季は南よりの風になる。つまり、冬季（10月から5月）は南東の風、夏季（6月から9月）は北西の風と風向きが変化する。1年で最も潮位が高いのは11〜4月で平均8cm、最低は8月の約−15cm、その差は23cmであり、1日の潮位変動の幅はわずか6cmである。紅海州の主要都市の年間平均降水量は150mm以下であり、スーダンの首都のハルトゥームよりも少なくなっている。また降水量は非常に不安定であり、紅海州においては1954年、1973年、1981年、1984年、1985年、1986年に大規模な干魃が発生している。年間平均気温は28.3℃、年間降水量は80.2mmである。

マングローブ林がどの程度盛んに光合成を行っているかを調べるために、分光放射計（FieldSpec-HandHeld、© ASD社製）を用いて光合成活性度を計測した。得られたデータに可視光の赤波長域と近赤外波長域の反射率が含まれているため、植物量、および光合成の活性度を示す正規化植生指数のNDVI（Normalized Difference Vegetation Index）を計算しマップ化した。

ヒルギダマシ・マングローブ林と沿岸の陸の植物との光合成活性を比較するために、①陸域の外来植物メスキート（*Prosopis juliflora*）、②陸域の塩生植物ハマツナ（*Suaeda monica*）、③A地点のオープンな場所に分布し、ラクダが自由にアクセスできるヒルギダマシ林（適度に食べられたマングローブ林）、④H地点の水路の反対側に分布する採食痕跡のないヒルギダマシ林（手つかずのマングローブ林）、及び⑤H地点の水路手前のキャメルラインが形成されたヒルギダマシ林（荒廃したマングローブ林）の5地点において計測した（図2）。

可視光赤（640〜770 nm）の反射率が低いほど、また近赤外波長域（770 nm以上）

③適度に採食されているマングローブ林

①メスキート

④採食されていないマングローブ林

②ハママツナ

⑤過度に採食されているマングローブ林

図2　5種の植物の光合成活性の比較（640-770 nm）
波長域付近で縦軸の値が低いほど、また 770 nm 以上の波長域で高いほど光合成の活性が高いこと
を意味する。

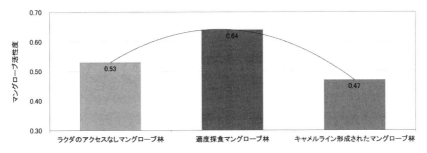

図 3　最適放牧理論（適度に採食されたマングローブ林（Open area）の光合成活性が最も高い。つまり optimally browsed mangrove forest では刺激によって光合成活性が促進する；過放牧によってキャメルラインが形成される。

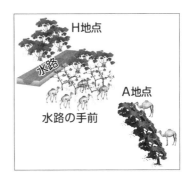

図 4　キャメルラインの形成
（水路がラクダの採食自由行動を妨げたためキャメルラインが水路の手前で形成される）

の反射率が高いほど、植物の活性度が高い。図2から分かるように外来植物メスキートの光合成活性度が最も高い。次は塩生植物ハママツナであり、最後はマングローブ林である。マングローブ林どうしを比較すると、ラクダが自由にアクセスすることができるA地点の光合成活性度が最も高い。これはおそらく、ラクダに一定程度採食されることで新しい葉が次々と萌出し、光合成を促しているからと考えられる。

　H地点の水路手前のヒルギダマシ林の場合、ラクダが水路を渡ることができないために、水路手前の局地点でラクダの滞在時間が長く、過放牧によってキャメルラインが形成されたと考えられる。それを反映して、H地点の光合成活性度が下がり、葉が枯れてしまい、光を吸収して光合成する能力を失い、赤と近赤外波長域の反射率の差が縮み、植生指数NDVI指標がゼロ近くなった（図2を参照）。つまり、水路ができたことによってラクダがH地点の水路の向こう側の「手つかずのマングローブ林」へ行くことが出来なくなり、水路手前のマングローブ林が「高頻度に食べられたマングローブ林」となり、「キャメルライン」が形成されたのだ。

　ラクダが頻繁にアクセスし、高い採食圧を受けているヒルギダマシが枯れてしまい、開けた場所に分布するA地点のヒルギダマシ林は比較的面積が大きいため、ある程度採食されても逆に葉の更新が頻繁に起こり、光合成が最も盛んに行われていると考えられる。A地点のマングローブ林では、ラクダの採食行動に『最適放牧理論[3] (grazing optimization theory)』が成立したことになる（図3、4を参照）。

3　マングローブ林とヒトコブラクダの関係の季節性

　2011年12月23〜27日の5日間、および2012年8月3〜13日の11日間、ヒトコブラクダの衛星追跡（GPS装着）調査を行った（図5）。朝のラクダの放牧前にGPSロガー（地点記録器）をヒトコブラクダに取り付け、夕方17：00〜18：00時頃、ラクダが牧場から家に戻るタイミングに合わせてデータを取り出してデータ解析を行った。GPSロガーはGT-31（LOCOSYS社）と747pro（©TranSystem社）

---

3)　『最適放牧理論』とは植物に取り込まれた栄養が草食動物の摂食・排泄によって土壌中に再供給されることで、植物にとっての栄養の制約が緩められて生産性が高まるという説であり、適切に食べられることで植物の生産性が向上することを指す［山内2005］。

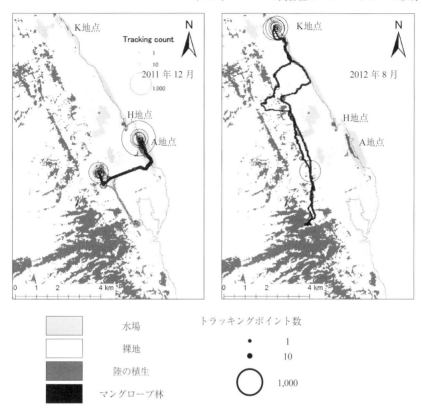

図 5　マングローブ林の分布

黒色の部分はヒルギダマシ（*Avicennia marina*）を示し、円の大きさがラクダの GPS トラッキングの記録を表し、（左）は 2011 年 12 月（冬季）；（右）は 2012 年 8 月（夏季）；数字は GPS ポイントの数であり、円が大きいほどヒトコブラクダの滞在時間が長いことを示している。

を使用し、位置情報などのポイントデータは 10 秒間隔に設定した。そのほかに、距離・速度・高度・時間も記録した。また、地上におけるラクダの追跡調査（ストーキング調査）ではラクダがヒルギダマシを採食する様子を 10 分毎にビデオを撮影し、採食している葉の枚数と呼吸根の本数をカウントした。

　2011 年の 12 月は、衛星追跡調査した 5 日間にラクダがマングローブに行っていたのは 3 日間であり、アクセスしていたマングローブ林は A 地点のみであった。放牧が始まるのは朝の 7 時頃で、夕方 17 時頃にラクダは牧畜民の家へ戻ってきた。マングローブ林へアクセスする際には過去に通っていたルートに沿っ

て、海中地面が硬くなっている砂州を渡り、沖合のヒルギダマシを採食していた。砂州を通って海中を歩く場合に通るルートは1つだけである。牧夫への聞き取り調査からも、ラクダの群れは足場の悪い海中や通り慣れていない道は利用しないということがわかった。また、朝に放牧を始めた時点で波が強い場合は海には入らず、沿岸部の塩性湿地帯に分布する塩生植物のところへ行き、その後マングローブ林へアクセスしていることもわかった。冬季にはラクダの群れはほぼ毎日沖合のマングローブ林に通い、マングローブ林を採食していることが確認された（図5を参照）。

　2012年8月は、ラクダの衛星追跡と地上における個体追跡調査を行った。11日間で、ラクダがマングローブ林にアクセスしていたのは7日間だった。冬季と比べ、海を渡らず陸地を移動して水位の下がった塩田用の水路を渡り、北に位置するK地点とH地点のマングローブ林のごく一部に行っていた。冬季に比べると移動距離が長いため、マングローブ林での滞在時間は比較的短くなっていた。牧夫への聞き取り調査からも、夏季は一日の間での移動時間が長いため、牧夫が先頭に歩く群れのリーダーラクダに乗り、採食地点まで群れを誘導していることが分かった。

4　ヒトコブラクダのヒルギダマシ採食量

　2011年12月と2012年8月のラクダのマングローブ林での滞在時間と、採食した葉の枚数と採食した枝の本数をビデオの記録をもとに数えた。その結果、夏季と冬季を比べると冬季のほうが10分間分、ヒルギダマシの枝葉の採食量が多いことがわかった。また、仔連れでない雌ラクダの移動・休憩時間が最も長く、採食しているヒルギダマシの葉数も最も多かった。

　仔連れの雌と仔ラクダの採食行動の割合は、ほぼ同様の結果となっていた。ヒルギダマシがラクダの採食によって受けるダメージを比較すると、適切な採食を受けているマングローブ林の光合成活性が最も高く、次は採食されていないマングローブ林であり、最も低かったのは過度に採食圧がかかったと思われる林であった。最後の「過度に採食圧かかった林」は、過去にキャメルラインが形成されたマングローブ林であった。

　冬季に牧畜民がラクダを誘導していたマングローブ林は、牧畜民の家から最も近く面積も大きなA地点のマングローブ林のみであり、夏季にはポートスーダンに近い場所に位置する、比較的小規模のK地点とH地点のマングローブ林

の一部にラクダを行かせていた。この地域の夏季は乾季にあたり、牧夫はおもなラクダを引き連れて夏型雨の気候で雨が降る南の内陸部へ移動させる。しかし、長距離移動や山越えが困難な仔連れの雌ラクダなどは、沿岸部に残して夏を過ごさせている。その際にヒルギダマシへの過度な採食を避けるために牧夫が沿岸部の長い距離を移動させ、冬季に利用しないマングローブ林へとラクダを先導させている。ラクダのヒルギダマシの採食量は冬季のほうが夏季よりも多く、またマングローブ林への滞在時間も同様に冬季のほうが長いため、きちんと季節を分けて、ラクダを移動させ、「遊牧」のように、冬季に採食させるマングローブ林を夏季に利用することを避けている。

　ラクダが採食するマングローブ林を牧夫が季節的にコントロールすることで、マングローブ林の過放牧を避けていると考えられる。採食する植物資源が極度に少ないと「キャメルライン」が容易に形成されるからである。2000年に作られた水路によって囲まれたマングローブ林のH地点においては、ラクダの採食が制限された事により稚樹が守られ、沖方向に分布が広がっている。しかし、継続的に採食を受けていた採食地点では、マングローブ林の活性度が逆に高いことから、ラクダが適当に採食することによってマングローブ林がダメージを受けず、逆に植物の更新が進むことが現地調査で確認された。ラクダを適切に放牧することで、「キャメルライン」は形成されない。また、ほかの植物資源が存在する地域では、「キャメルライン」は簡単には形成されない。

おわりに

　近年、野生動物と人間生活との軋轢が目立ってきており、世界各地で問題になっている。人間は自分の生活を守るために、また利便性を追求して、鉄道、高速道路、橋、ダム、柵などが国境を越えて建設されているが、これらのインフラストラクチャーが様々な野生動物の生息地を分断し、野生動物の生息に影響を及ぼしている。そして、野生動物ばかりでなく、家畜の行動までも制限して、放牧地の分断をもたらしている。野生動物の生息地の分断によって、様々な野生動物が人間の生活圏に進入しはじめ、結果として、「アーバンワイルドライフ（都市の野生動物）」が現れ、日本ではヒグマなどが町に入ってきて人を襲う事態となってきた。

　世界各地で同じような問題が起こっている。例えば、チベット高原の横断鉄道がチルー（チベット・カモシカ）の生息地を東西に分断し、チルーの季節移動が

妨げられ、チルーの繁殖と生態の保全に多大な悪影響を及ぼしている［星野ほか 2019］。また、内モンゴルでは1990年代から定住化が進められ、牧畜民は分配された土地を守るために沢山の柵を建設するようになった。柵によって草原が小さな区画に分断されてしまったのだ。その結果、家畜の自由な行動に頼っていた今までの放牧スタイルが成り立たなくなり、家畜の行動が柵による限られた空間に制限されるようになった。柵で区切られた草原では家畜が頻繁に同じ場所を繰り返し利用するために、過放牧が進行している［星野 2010］。家畜本来の習性が草原を荒らすのではなく、人間が建てた柵が家畜の行動を変容させ、草原にダメージを与えているのである。

　本章を通じて、人間が作った水路が原因となって、キャメルラインの形成が進んだことを明らかにした。ポートスーダンの沿岸に広がるヒルギダマシ・マングローブ林の枯れ果てた姿を見ると、急激に砂漠になっていく私の故郷である内モンゴルの風景が二重写しになる。人間の目先のことだけを追求する姿勢が、人間とともに生きる家畜の生存を脅かし、野生生物と自然環境を破壊している。そうして、人間もまた、自分たちが生きる空間をますます狭くして行っているように私には見える。

参考文献

縄田浩志

2005 「2つのエコトーンの交差地としてのスーダン東部・紅海沿岸域——ベジャ族の適応機構を探る」『地球環境』10 (1): 17-28。

2004 「ヒトコブラクダの多目的な活用と価値の複数性——スーダン領紅海沿岸ベジャ族のラクダ名称群に関する事例分析から」『スワヒリ＆アフリカ研究』14: 113-179。

星野仏方

2010 「モンゴル高原の乾燥化を左右する遊牧と定住①」『酪農ジャーナル』2010(8): 44-45。

星野 仏方・仲澤峻・マナエワ・カリナ

2019 「衛星追跡による鉄道と道路によるチベットアンテロープ（Pantholops hodgsonii）の季節移動への影響について」『リモートセンシングの応用・解析技術』、438-449頁、エヌ・ティー・エス出版。

山内淳

2005 「一次生産に対する植食圧の役割—— Grazing Optimization の理論的解析」『日本生態学会誌』55: 291-299。

FAO

    2020　Global Forest Resources Assessment 2020 Key Findings. Global Forest Resources Assessment 2020 (FRA 2020).
           https://www.fao.org/3/ca8753en/CA8753EN.pdf

Nawata, H.

    2001　Coastal Resource Use by Camel Pastoralists: A Case Study of Gathering and Fishing Activities among the Beja in Eastern Sudan, *Nilo-Ethiopian Studies* 7: 23-43.

あとがき

　ラクダには美しい物語がある。シルクロード、サハラ交易、黄金の道、塩の道。しかし、それらの印象からラクダに過度に慕情を抱いてはいけない。ラクダの長いまつ毛に騙されてはいけない。

　ラクダは強情な生き物であり、なかなか人間に屈することはない。しかし、強情だからこそ、過酷な自然の中でも生きていくことができる。サハラ砂漠を縦断するキャラバンは、井戸や餌をラクダの嗅覚と記憶に任せて見つけさせるものであると聞いた。また、移動中の遊牧民が夜にラクダを解放し、翌朝毎回2時間もかけてラクダを探しに行くのを目撃したことがある。ラクダに自力で餌となる草木を探させているのだ。

　考古学では、ラクダの自然分布から大きく外れた場所で、古い時代の遺跡からラクダ骨が発見された場合、このラクダは野生ラクダではなく家畜ラクダと判断される。家畜ラクダは人間に連れられて、本来の生息域から遥かはなれた場所で暮らすようになったのだ。また、人間も、家畜ラクダがいるからこそ、厳しい環境で生存できたのである。

　ラクダは、元来人間が住めなかった地域への人類の進出を可能にしてくれた。それに加えて、ラクダは世界をつなげる役割も果たしてくれた。交易路のネットワークはラクダ科動物の類まれなる生理的能力に大きく依存していたのであり、広大な砂漠、凍てつく草原、険しい山々を越える陸路の旅が可能になったのはラクダあってのことである。

　ラクダはミステリアスな生き物だが、その神秘のベールを取りのぞき、現代社会で人間とともに生きるラクダの実相を鮮明に描き出すことに本書は努めた。読者のみなさんは読後、ラクダに対してどのような感想をもたれただろうか。

　なお、本書は科研「中央アジアにおける牧畜社会の動態分析——家畜化から気候変動まで」(平成30年～令和4年度、基盤研究 (A) 課題番号 18H03608)、および「中央アジアにおける大型家畜利用の再評価——ラクダ牧畜の変遷を中心に」(平成26

～28年度、基盤研究（B）課題番号26300013）の研究成果の一部である。お世話になったすべてのみなさんにお礼申し上げたい。

今村　薫

索　引

あ

足跡　　2, 83, 87, 88, 93, 100, 107-109

新しいラクダ利用　　64

アナトリア　　16, 189, 190

アフリカ大陸　　13, 26, 33, 111, 162, 200

アラビア半島　　16, 20, 21, 24, 33, 114, 116, 117, 191

アルタイ山脈　　3, 162

アルパカ　　1, 13, 26-28, 112, 115

アンデス　　26, 27, 29, 30, 111, 114, 172

イスラム化　　51

イスラーム　　3, 24, 29, 176, 187, 191

遺伝子　　2, 28, 111, 114, 119-122, 127-131

井戸　　19, 37, 41, 43, 44, 54, 85, 141, 212

移動式住居　　27, 162, 164, 172

移牧　　29, 161-163, 172

イラン　　3, 15, 16, 21, 25, 116, 117, 174-176, 178- 181, 184, 188, 191

内モンゴル（中国内モンゴル自治区）　　2, 59, 60, 63, 67, 69, 71, 93, 103, 105, 137- 139, 149, 159, 210

運搬　　1, 3, 17, 20-22, 24, 27, 28, 37, 42, 59, 62, 81, 82, 99, 100, 137, 144, 151, 161-164, 171, 172, 183, 189, 190

　　──の実態　　164

衛星追跡　　202, 206-208, 210

エゼネー旗　　59, 60-69, 159

エチオピア　　34, 36, 42, 43, 50-52, 54, 55

F1　　16, 125, 126, 173, 175-177, 190, 191

塩生植物　　4, 197, 198, 201-203, 206, 208

オアシス　　59-62, 67, 199

オスマン帝国　　28, 175, 187-189

か

家財道具　　3, 162-164, 166, 168, 169, 171, 190

カザフ人　　3, 151-154, 156, 157, 159-162, 164, 172

カザフスタン　　15, 18, 21, 115-119, 121, 123, 127-131, 159, 160, 162, 176, 186, 192, 198

家畜化　　13, 19-22, 26, 27, 30, 33, 111-119, 131, 172, 192, 212

　　──症候群　　115

家畜としてのラクダ　　17, 26, 190

ガブラ　　1, 2, 34-38, 42-52, 54, 56

過放牧　　199, 206, 209, 210

乾季　　36, 38, 41, 43, 53, 55, 56, 198, 209

環境適応　　117, 197

観光客　　2, 62, 64, 65, 68, 152

乾燥地　　4, 14, 20, 26-30, 33, 69, 93, 114, 137, 149, 159, 160, 162, 172, 197, 200

旱魃　　36, 48, 49, 51, 53-56

気候変動　　1, 53, 54, 212

旧大陸系統　　26-28, 111-113, 115, 120

旧大陸のラクダたち　　115

キャメルライン　　4, 197, 199, 200, 203, 206, 208-210

去勢　　42, 98, 99, 143, 168, 183

騎乗　　2, 3, 20-22, 24, 28, 29, 33, 62, 64, 65, 81, 82, 98-100, 117, 137, 143-145, 147, 148

キルギス　　117, 121, 127-129, 131

儀礼　　1, 36, 45-47, 50, 157

グアナコ　　13, 112, 114

偶蹄類　　26, 113, 122

クシ系　　34

鞍　　20-22, 24, 148, 171, 172, 187, 189, 190

グレイザー（草の葉食）　　198

軍事　　1, 20-22, 24, 117, 175, 187, 188

軍用　　19, 21, 28, 188

毛　　1-3, 15, 16, 19, 21, 26, 27, 29, 53, 59, 62,
64-66, 72, 83-86, 88, 93, 95, 99, 100, 102,
109, 117, 118, 126, 130, 141, 142, 151-154,
156, 158-160, 164, 172, 174, 176, 178, 182,
190, 191, 212

　　──色　　2, 27, 72, 85, 86, 88, 93, 100, 102,
109

競駝　　28, 191

形態的特徴　　100, 107, 109

　　──による名称　　100

交易　　1, 13, 20, 21, 24, 25, 56, 61, 117, 151,
160, 162, 173, 175, 188, 212

紅海　　4, 33, 197, 199-201, 203, 210

光合成活性度　　203, 206

交雑　　114, 116-122, 126-130, 182, 183

　　──するヒトコブラクダとフタコブラクダ
117

　　──度　　121, 122, 127-129

　　──ラクダ　　117-122, 126, 127, 130

　　──ラクダの利用　　130

交配　　2, 28, 68, 113, 118, 119, 121, 126, 127,
130, 173-176, 178-183, 186, 190, 191

　　──技術　　176, 190, 191

交尾　　17, 41, 42, 94, 97-99, 181, 183

五畜　　72, 73, 90, 95, 97-99, 109

ゴビ　　14, 59-61, 65-69, 115, 116, 137-139, 199

　　──・オアシス地域　　59, 60

コブ　　1-3, 13-15, 18, 22, 24, 37, 46, 47, 83, 88,
93, 100, 102-109, 120, 123, 126, 127, 129,
154, 166, 168, 171, 172, 175, 176, 183, 185,
186, 190

コペトダグ山脈　　16

娯楽　　28, 29, 188, 189, 191, 192

婚資　　46

さ

採食圧　　206, 208

最適放牧理論　　206

搾乳　　17, 26, 45, 52, 62, 64-67, 97, 98, 130,
152

雑種強勢　　118, 175

サハラ砂漠　　2, 13, 22, 24, 27, 33, 212

市場　　27, 52, 54, 99, 119, 152, 157, 159, 184,
186

GPS　　164, 202, 206

出産　　17, 35, 41, 47, 94, 96, 97, 198

呪物　　1, 44, 45, 49, 50

狩猟　　17-19, 25, 26, 111, 114, 115

純系　　16, 127, 175, 176, 191

新大陸系統　　26, 111-115

水路　　4, 202, 203, 206, 208-210

スーダン　　4, 197-203, 208, 210

シルクロード　　13, 25, 116, 172, 212

成長段階　　86, 93-95, 97, 99, 100, 109, 118,
137, 139

成長にあわせたラクダ利用　　99

生物としてのラクダ　　2

ソ連時代　　162, 176

た

駄獣　　19-21, 27-29, 151, 168, 173, 177, 188-
191

ダバレ（貸与法）　　47-51

乳　　1, 15-20, 26, 29, 35, 41, 42, 45, 52, 62,
64-67, 69, 93, 94, 96-100, 109, 113, 114,
117, 118, 126, 130, 139, 141, 152, 164, 172-
179, 185, 186, 191, 197, 200

中央アジア　　1, 2, 15, 18, 21, 25, 29, 68, 69,
114, 116, 118, 121, 130, 159, 160, 173, 174,
176, 185, 186, 190, 192, 212

調教　　3, 65, 81, 82, 98, 99, 137, 139, 142-145,

147, 148
——後のラクダ管理　　147
ラクダ管理　　147
長距離移動　　67, 171, 209
長距離交易　　1, 24
出稼ぎ　　2, 64-66, 68
——牧畜民　　64, 65
天幕型住居　　3, 152, 156-158
トゥアレグ　　2, 22, 24, 29, 171
逃走　　2, 84, 86, 87
——場所の推理　　86
トラッキング　　202, 203
トリパノソーマ原虫　　33
トルクメニスタン　　15, 16, 21, 116-118, 175, 187
トルコ　　1, 3, 16, 29, 68, 117-119, 130, 173-177, 179-181, 184, 186-192
——の雑種ラクダ　　174
——の牧畜　　177, 190

な

肉利用　　26, 62
荷積み　　3, 22, 166
乳量　　16, 117, 118, 126
人間による利用　　13
妊娠　　17, 47, 94, 97, 98, 118, 179
年齢と性別による名称　　94

は

ハイブリッド　　16, 159, 175, 176, 190
バクトリア地方　　15, 21, 116
はな木　　71, 73, 81, 82, 88, 89, 143-145, 148
繁殖　　16, 44, 73, 78, 98, 100, 109, 112, 113, 115, 117-119, 128, 130, 143, 175, 182, 183, 186, 210
反芻動物　　13, 113, 198
東アフリカ　　1, 21, 33, 34, 54-56

ビクーニャ　　13, 27, 112, 114
ヒトコブラクダ　　1-4, 14-16, 18-22, 24-26, 28, 59, 111-118, 120-122, 126, 127, 129, 131, 171, 173-76, 178, 186, 190, 191, 197, 198, 200-202, 206, 208, 210
ヒルギダマシ　　198-203, 206-210
フェルト　　147, 153, 156-160, 164, 166, 168, 172
フタコブラクダ　　1-3, 14-16, 18, 19, 21, 22, 24-28, 30, 59, 69, 93, 111-118, 120-122, 126-129, 137, 159, 161, 162, 166, 168, 171-176, 178, 187, 190, 191
——野生種　　14
ブラウザー　　198
糞　　1, 19, 21, 27, 29, 30, 36, 42, 87, 93, 99, 100, 141, 152, 172
紛失ラクダ　　2, 71, 82, 86, 88-90
——「指名手配書」　　89, 90
——の捜索　　2, 71, 86-88
ベーリング陸橋　　14, 111
変容　　29, 34, 50, 52, 56, 69, 149, 210
牧場　　173, 177, 178, 182, 184, 186, 206
放牧キャンプ　　38-41, 43, 53, 55
放牧地　　39, 40, 53, 55, 56, 63, 123, 130, 137, 148, 161, 209
牧畜の未来　　54

ま

マルギアナ　　21, 187
マングローブ林　　4, 197, 199-203, 206-210
耳印　　71, 72, 79-81, 83, 84, 88-90
ミルク　　1, 2, 26, 33, 35, 36, 38, 41, 42, 44-46, 48, 52, 53, 59, 62, 64-68, 185, 197, 198, 200
民族紛争　　34, 51, 53, 55
メスキート　　203, 206
モンゴル国　　2, 59, 61, 64, 65, 68, 69, 93, 151, 153, 156, 159-163, 172

ラクダの環境適応と環境破壊　　197

ラクダの識別　　2, 71, 72, 79, 83, 84, 86-88, 93, 100, 106-109, 127, 168

ラクダの馴致　　139

ラクダの食習性　　197, 198

ラクダの所有識別　　71

ラクダの調教　　3, 65, 81, 82, 98, 99, 137, 139, 142-145, 147, 148

ラクダの分類　　2, 13, 93, 94, 96-98, 100, 103, 109, 111, 112, 200, 201

ラクダの個体識別　　83, 86-88, 93, 100, 168

ラクダのミルク　　1, 2, 26, 33, 35, 36, 38, 41, 42, 44-46, 48, 52, 53, 59, 62, 64-68, 185, 197, 198, 200

ラクダ牧畜の現在　　59, 69

ラクダ利用　　3, 25, 64, 68, 93, 99
　　——の再活性化　　64, 68

ラクダを飼う　　34, 38, 39, 122, 186

ラクダ・雑種交配の技　　190

ラクダ・レース　　28-30

リャマ　　26-28, 111, 112, 115

や

焼印　　71-73, 78, 79, 82-84, 88-90

野生種　　13, 14, 26, 111-116, 120

輸出　　52, 54, 122

遊牧民　　2, 3, 22, 24, 25, 72, 117, 123, 164, 171, 188, 190-192, 212

ユーラシア大陸　　13, 14, 25, 26, 111, 112, 162, 174

ら

ラクダ科動物　　1, 2, 13, 17, 26-28, 111-115, 119, 120, 122, 130, 212
　　——の家畜化　　13, 19-22, 26, 27, 30, 33, 111-119, 131, 172, 192, 212
　　——の起源　　1, 13
　　——の進化　　13

ラクダ相撲　　3, 28, 29, 68, 118, 173, 176-178, 181, 183-192

ラクダ隊商　　24, 27, 189

写真・図表一覧

口絵

トゥアレグ型の鞍にのり、足でラクダの首を
　　操作する騎乗者　　*i*
水場のラクダ　　*ii*
雪原でソリを引くフタコブラクダ　　*iii*
アルマド儀礼　　*iv*
アルマド儀礼　　*iv*
調教中にラクダに乗る様子　　*v*
屋根棒を左右均等に載せる　　*vi*
チュダを紡ぐ　　*vi*
敷物スルマックをチュダ・ジップで縫う
　　vi
メフメト・ホジャの鞍と名前を書いた刺繍布
　　vii
雨季の花とラクダ　　*viii*

1章

写真1　正座するラクダ　　*14*
写真2　野生ラクダ：小さなコブを2つ持つ
　　15
写真3　野生ラクダの仔と家畜ラクダの仔
　　15
写真4　家畜フタコブラクダ　　*15*
写真5　家畜フタコブラクダ　　*15*
写真6　家畜ヒトコブラクダ（アルジェリア
　　にて）　　*16*
写真7　フタコブラクダの顔　　*17*
写真8　ヒトコブラクダの顔　　*17*
写真9　ハイブリッド・ラクダ　　*17*
写真10　雪原でソリを引くフタコブラクダ
　　20
写真11　井戸でロープを引くヒトコブラクダ
　　20
写真12　ソマリ型の鞍　　*23*

写真13　北アラビア型の鞍　　*23*
写真14　北アラビア型の鞍　　*23*
写真15　トゥアレグ型の鞍　　*23*
写真16　トゥアレグ型の鞍の装飾　　*23*
写真17　トゥアレグ型の鞍にのり、足でラク
　　ダの首を操作する騎乗者（マリにて）
　　23
写真18　板状に切り出した岩塩　　*25*
図1　野生のヒトコブラクダの狩り　　*18*

2章

写真1、2　ラクダの搾乳（エチオピア）
　　35
写真3、4　家を運ぶラクダ　　*37*
写真5　放牧に出されるラクダ（エチオピア）
　　40
写真6、7　仔ラクダにミルクを与えない母ラ
　　クダへの施術（エチオピア）　　*42*
写真8、9　深井戸に向かうスロープ（エチオ
　　ピア）　　*43*
写真10、11　アルマド儀礼（ケニア）　　*46*
写真12、13　ミルクを売る、ラクダを売る（エ
　　チオピア）　　*53*
写真14、15　厳しい旱魃（エチオピア）
　　55

3章

写真1　礫砂漠ゴビ　　*61*
写真2　ゴルと呼ばれるオアシス　　*61*
写真3　ラクダの毛刈り作業。モンゴル国か
　　らの出稼ぎ労働者とともに　　*66*
写真4　ラクダミルク搾乳場　　*66*
写真5　ゴビに設置された柵　　*67*
図1　エゼネー旗位置図　　*60*
図2　エゼネー旗におけるラクダ頭数の変化

1949 年〜 2020 年　*63*

4 章

写真 1　焼ゴテで焼印をつける様子　*77*
写真 2　ラクダの「はな木」　*80*
写真 3　はな木の部位の名称　*80*
写真 4　はな木の例　*80*
写真 5　ペンキを塗ったラクダ　*81*
写真 6　ドゥージンの例　*82*
写真 7　夏季におけるラクダの放牧風景　*83*
表 1　ラクダの焼印　*72*
表 2　ラクダの耳印　*78*
図 1　焼印を付ける部位　*77*
図 2　紛失ラクダの情報　*87*

5 章

写真 1　ラクダの蹄　*106*
図 1　ラクダの身体部位による体毛の名称　*99*
図 2　ラクダのコブの形とその名称　*101*
表 1　成長段階と年齢による名称　*92*
表 2　年齢と性別による名称　*93*
表 3　メス、インゲの下位名称　*95*
表 4　ラクダの成長段階と年齢別利用　*98*
表 5　ラクダの毛色による名称　*99*
表 6　コブの形による名称　*103*
表 7　体つきによる名称　*105*
表 8　足跡による名称　*106*

6 章

図 1　ラクダ科動物の分布と進化および家畜化の概要　*110*
図 2　旧大陸における現在のラクダ科動物の分布　*114*
図 3　カザフスタンのラクダにおける経済形質の比較　*117*
図 4　調査地と試料数　*122*
図 5　カザフスタンにおけるラクダのコブ数の観察頻度　*122*
図 6a　遺伝子分析を行った Ingen（フタコブラクダの雌）の形態写真　*123*
図 6b　遺伝子分析を行った Kospak と呼ばれていたラクダの形態写真　*123*
図 6c　遺伝子分析を行った Nar と呼ばれていたのラクダの形態写真　*124*
図 7　カザフスタンとキルギスの調査地の交雑状況　*126*
図 8　カザフスタン 3 か所のインタビューで記録できたラクダの呼称を元に区別した 3 種類ラクダの交雑状況　*127*

7 章

写真 1　調教するラクダを畜舎から引き出す　*144*
写真 2　調教用ロープでラクダの後足を引っ張っている様子　*144*
写真 3　首と頭を下げる訓練　*144*
写真 4　ラクダが膝を折って大人しく坐る様子　*145*
写真 5　調教中にラクダに乗る様子　*145*
図 1　アラシャー盟の位置　*136*
表 1　B 氏の家畜の内訳　*138*
表 2　当歳仔の馴致　*138*
表 3　2 歳ラクダの馴致　*140*

8 章

写真 1　チュダ　*153*
写真 2　チュダを紡ぐ　*153*
写真 3　チュダを手に巻いてひと縫い用の長さに分ける様子　*153*
写真 4　チュダ・ジップ（サバク・ジップ）の束　*154*
写真 5　敷物スルマックをチュダ・ジップで縫う。モンゴル国バヤン・ウルギー県サグサイ郡　*155*
写真 6　敷物スルマックをチュダ・ジップで刺し縫う　*155*

写真7　帯紐コルをチュダ・ジップで刺し縫う。　*156*

9章

写真1　フェルトをコブに巻く　*165*
写真2　屋根棒を左右均等に載せる　*165*
写真3　荷物を左右均等に載せる　*165*
写真4　左右に荷物を載せ終わった状態　*165*
写真5　荷物を紐で縦横に縛りつける　*165*
写真6　数人で荷物を紐を固く締める　*165*
写真7　荷積みが完成した状態　*166*
写真8　ラクダに荷物を載せて移動中　*166*
写真9　格子状の壁と屋根棒を組み立てている　*167*
写真10　壁用のフェルトと屋根用のフェルトを巻きつけている　*167*
写真11　写真10の家の中に設置されたベッド、寝具、戸棚、ゆりかご　*167*
写真12　美しい壁掛けとカーペットで家の中を飾る　*167*
写真13　トゥアレグ人がヒトコブラクダで荷物を運搬するときの鞍（アルジェリア）　*169*
写真14　モンゴル人がフタコブラクダで荷物を運ぶときの道具（中国内モンゴル自治区）　*169*
図1　調査地　*161*
図2　N氏の季節ごとの宿営地　*163*
図3　N氏の各宿営地の標高差と概念図　*163*
表1　ラクダ5頭の年齢および積載量　*167*
表2　家の材料とそれぞれの重量　*168*
表3　家財道具の種類とそれぞれの重量　*168*

10章

写真1　中世イスラム世界におけるラクダ相撲　*174*

写真2　鞍をはずしたディリリシュ09　*178*
写真3　ディリリシュ09の鞍　*178*
写真4　立ち上がって踏ん張るメフメト・ホジャ　*179*
写真5　メフメト・ホジャの鞍と名前を書いた刺繍布　*179*
写真6　ラクダをかわいがるC氏　*179*
写真7　フタコブのテュリュ　*180*
写真8　ラクダ相撲大会のポスター　*182*
写真9　搾乳の様子　*184*
写真10　ラクダの鞍につけられた釣鐘　*187*
表1　ラクダ相撲大会の開催予定表　*172*
表2　トルコで飼育される家畜の種類と頭数　*175*
表3　ラクダ頭数の経年変化　*175*

11章

写真1　子ラクダを持つメスラクダは特に水分が多いタンポポなどの草本植物を好んで食べる（カザフスタンドライステップ　*196*
写真2　カザフスタンドライステップ　*197*
写真3　キャメルライン　*198*
写真4　ポートスーダンのヒルギダマシのキャメルライン　*199*
写真5　ポートスーダンのヒルギダマシのキャメルライン　*199*
図1　調査地概要図　*200*
図2　5種の植物の光合成活性の比較　*202*
図3　最適放牧理論　*203*
図4　キャメルラインの形成　*203*
図5　マングローブ林の分布　*205*

執筆者紹介（掲載順）

今村　薫（いまむら　かおる）編者
1960 年生まれ。
1985 年京都大学大学院理学研究科博士課程単位
取得退学。博士（理学）。
専攻は生態人類学、アフリカ・中央アジア地域
研究。
現在、名古屋学院大学現代社会学部教授。
主著書として、『砂漠に生きる女たち：カラハリ
狩猟採集民の日常と儀礼』（どうぶつ社、2010
年）、『生態人類学は挑む SESSION2　わける・
ためる』（京都大学学術出版会、2021 年、共著）、
『総合人類学としてのヒト学』（放送大学教育振
興会、2018 年、共著）など。

ソロンガ（そろんが）
1986 年生まれ。
2022 年千葉大学大学院人文社会科学研究科博士
課程修了。博士（学術）。
専攻は文化人類学、モンゴル地域研究。
現在、千葉大学大学院人文科学研究院特別研究
員。
主論文として、「ラクダの去勢」（『千葉大学大
学院人文公共学府研究プロジェクト報告書』第
353 集、2020 年）、「ラクダの焼印」（『千葉大学
大学院人文公共学府研究プロジェクト報告書』
第 328 集、2018 年）、「ラクダの個体識別に関す
る一考察」『千葉大学人文公共学研究論集』35 号、
2017 年）など。

曽我　亨（そが　とおる）
1964 年生まれ。
1995 年京都大学大学院理学研究科博士課程単位
取得退学。博士（理学）。
専攻は生態人類学、アフリカ地域研究。
現在、弘前大学人文社会科学部教授。
主著書として、『極限：人類社会の進化』（京都
大学学術出版会、2020 年、共著）、『遊牧の思想』
（昭和堂、2019 年、編著書）、『シベリアとアフ
リカの遊牧民：極北と砂漠で家畜とともに暮ら
す』（東北大学出版界、2011 年、共著）など。

川本　芳（かわもと　よし）
1952 年生まれ。
1983 年京都大学大学院理学研究科博士後期課程
修了。博士（理学）。
専攻は動物集団学、霊長類学。
現在、日本獣医生命科学大学客員教授。
主著に、『アンデス高地』（京都大学学術出版会、
2007 年、共著）、『日本の哺乳類学 2　中大型哺乳
類・霊長類』（東京大学出版会、2008 年、共著）、『東
ヒマラヤ：都市なき豊かさの文明』（京都大学学
術出会、2020 年、共著）、『レジリエンス人類史』
（京都大学学術出版会、2022 年、共著）など。

児玉香菜子（こだま　かなこ）
1975 年生まれ。
2006 年名古屋大学大学院文学研究科博士課程単
位取得退学。博士（文学）。
専攻は文化人類学、モンゴル・中国地域研究。
現在、千葉大学大学院人文科学研究院准教授。
主著書として、『極乾内モンゴル・ゴビ砂漠、黒
河オアシスに生きる男たち 23 人の人生』（名古
屋大学文学研究科比較人文学研究室、2014 年、
共編著）、『「脱社会主義政策」と「砂漠化」状況
における内モンゴル牧畜民の現代的変容』（名古
屋大学文学研究科比較人文学研究室、2012 年）、
論文として、「Facing "Urban Life": Perspective
from the Ecological Migration Policy within Ejene
banner, Inner Mongolia, China」（『千葉大学ユーラ
シア言語文化論集』17 号、2015 年）など。

廣田千恵子（こいけ　まこと）
1988 年生まれ。
千葉大学大学院人文公共学府博士後期課程在籍
中。博士（学術）。
専門はモンゴル・中央アジア地域研究、文化人
類学。
主著書として、『中央アジア・遊牧民の手仕事：：
カザフ刺繍』（誠文堂新光社、2019 年）、論文と
して、「モンゴル国カザフ人社会における天幕型
住居内部への装飾行為の社会的・文化的背景：：
「恥」の概念に着目して」（風間書房、『明日へ翔
ぶ：人文社会学の新視点　5』、共著、2020 年）、
「モンゴル国カザフ人の牧畜経営形態：自然環境
への適応のための 2 つの家畜管理パターンに着
目して」（『中央アジア牧畜社会研究叢書 3　自
然と適応』、2021 年）など。

田村うらら (たむら うらら)
1978 年生まれ。
2009 年京都大学大学院人間・環境学研究科博士
課程単位取得退学。博士（人間・環境学）。
専門は文化人類学、経済人類学、トルコ研究。
現在、金沢大学人間社会研究域准教授。
主著書として、『トルコ絨毯が織りなす社会生
活：グローバルに流通するモノをめぐる民族誌』
（世界思想社、2013 年）、「Patchworking Tradition:
The Trends of Fashionable Carpets from Turkey」
（Ayami NAKATANI ed. 『Fashionable Traditions』
Lexington Books、2020 年、共著）、論文として、
「公共化するユルック：トルコにおける「遊牧民」
の連帯をめぐって」（『地域研究』20 巻、2020 年）
など。

多仁健人 (たに けんと)
1988 年生まれ。
2013 年酪農学園大学大学院酪農学研究科修士課
程修了。
専攻はリモートセンシング、環境学。
現在、生命関連企業会社員。
主著書として、『砂漠誌』（東海大学出版部、
2014 年、共著）。

星野仏方 (ほしの ぶほう)
1964 年生まれ。
1995 年中国科学院地理研究所大学院地理情報シ
ステム研究科博士課程単位取得。博士（理学）。
専攻は地理情報システム（GIS）とリモートセン
シング学。
現在、酪農学園大学農食環境学群教授。
主著書として、『地球環境変化研究の地域モデル
およびリモートセンシングと GIS 方法 Research
on Regional Model of Global Change Using Remote
Sensing and GIS Methods』（内蒙古教育出版社、
2005 年、単著）、『外来植物メスキート』（臨
川書店、2013 年、共著）、『リモートセンシン
グの応用・解析技術』（エヌ・ティー・エス、
2019 年、共著）、論文として、「Comparison of
image data acquired with AVHRR, MODIS, ETM+
and ASTER over Hokkaido, Japan」（『Advances in
Space Research (Elsevier)』32 号、2003 年）、「Land
cover of oases and forest in XinJiang, China retrieved
from ASTER data」（『ADVANCES IN SPACE
RESEARCH (Elsevier)』39 巻 1 号、2007 年）など。

ラクダ、苛烈な自然で人と生きる　進化・生態・共生

2023 年 3 月 15 日　印刷
2023 年 3 月 25 日　発行

編　者　今　村　　薫

発行者　石　井　　雅

発行所　株式会社　風響社

東京都北区田端 4-14-9（〒 114-0014）
Tel 03(3828)9249　振替 00110-0-553554
印刷　モリモト印刷

Printed in Japan 2023 © IMAMURA Kaoru et al.　　ISBN978- 4-89489-345-0 C3039